一個人的餐桌，偶爾還有點心

自煮生活靈感食譜，
結合旅行滋味的78道日常料理

作者 瀨戶口 SHIORI 譯者 劉格安

前言

有時一件意想不到的事，就有可能徹底改變原本習以為常的生活。

整天居家上班或做家事，心情都變得平靜無波，每天過著一成不變的日子。很多時候提不起勁來，總覺得管他什麼早、午、晚餐的準備或菜色風格，只要能夠填飽肚子就夠了。

但，這種時候才是機會。愈是處於這種「外在環境改變，而自己無能為力」的時候，就愈是改變自己內在的大好機會。

先好好傾聽自己內心的聲音，問問自己究竟想吃什麼東西。一大早，先用三顆最愛的雞蛋做豪華雞蛋三明治，大飽口福；在工作與家事的空檔，用冰箱裡的庫存，做一碗蓋飯；晚上一邊追劇或看網路直播，一邊享用剛炸好的炸雞配啤酒；在寂靜的深夜裡，邊聽音樂邊用平常使用的馬克杯，準備隔天要吃的布丁，然後帶著期待的心情鑽進被窩。

完全不需要顧忌任何人！可以吃辣的食物來振奮精神，可以喝酸的飲料來轉換心情，更可以重現令人懷念的旅行地滋味，期待重新飄洋過海的日子到來，這樣的時光一樣無可取代。

為自己而下廚與進食，是一種自我檢視。只需要一點點的時間與一點點的視線轉換，就能讓日常生活變得自由自在且充滿樂趣。

目次

Part 3

晚餐與下酒菜，來點小任性

Part 6

休息一下，來杯飲料吧

How to use

- 1小匙＝5㎖，1大匙＝15㎖，1杯＝200㎖。
- 在未指定的情況下，火候一律為中火。
- 在未注明的情況下，蔬菜類一律已完成清洗、削皮、去蒂等作業。
- 平底鍋使用的是鐵氟龍材質不沾鍋。
- 一般做點心時，低筋麵粉最好過篩，不過本書介紹的食譜，即使不過篩也不會對味道影響太大。需要的時候，主要用打蛋器攪拌。
- 預熱烤箱時，請連同烤盤一起預熱。

※譯註：書中材料「黍砂糖」，類似台灣的二號砂糖。

Part 1

美好的一天，從早餐開始

做一份簡單卻令人期待的早餐，讓在家上班的日子也能將心情切換成工作模式吧。比平常多花一點時間在自己身上，享用親手做的料理，與早晨的陽光一同上傳至IG。一根小黃瓜、一顆雞蛋，吃掉沉睡在冰箱裡的食材，用愉悅的心情微笑迎接一天的開始。

早上第一餐，用辣味提振精神

打開冰箱，發現有顆雞蛋。
此時儘管善用食材，
煮一碗白飯，打上新鮮的雞蛋。
讓自己的飯碗呈現自己想要的模樣，
添上一大匙辣椒，無須顧慮任何人。

隨心所欲的生雞蛋拌飯

用魚露代替醬油，用豆瓣醬增添辣味，
即可迸出新滋味。

【材料】1 碗份

雞蛋 … 1 顆
熱騰騰的白飯 … 適量
魚露 … 適量
A 豆瓣醬 … 1/2～1 小匙
香菜葉（切末）… 適量
細香蔥（切蔥花）… 適量
炸洋蔥絲 … 適量

【做法】

1. 把飯盛入碗中，打上生雞蛋，再放上 A。
2. 在開動前淋上魚露。

納豆辛奇　只要攪拌即可

【材料】1 碗份

納豆 … 1盒（約 40g）
白菜辛奇（切粗末）
… 30g

【做法】

納豆與附上的調味料拌勻，再加入辛奇一起攪拌。

香辛料味噌　事先做好

【材料】方便製作的分量

山芹菜（切末）… 1 把
青紫蘇（切末）… 5 片
茗荷（切末）… 1 個
味噌 … 4 大匙
味醂 … 2 大匙
柚子胡椒 … 1/2 小匙

【做法】

將所有材料放入保鮮盒裡拌勻。冷藏可保存 3 週。

喚醒身體的湯品

剛睡醒，
頭還昏昏沉沉的，
來碗飽含營養、
料多味美的湯醒醒腦，
順便熱熱身子。
剩下的就拿來
配午餐吃吧。

韓式雞湯

用雞翅做簡單的輕藥膳，
用糯米代替白米，將更貼近原味。

【材料】2 碗份

雞翅 … 4 隻
白蘿蔔 … 5cm
蔥 … 1/2 支
枸杞 … 10～12 粒
鹽 … 1 小匙
米 … 2 大匙
芝麻油 … 1/2 小匙

【做法】

1. 白蘿蔔切片，蔥斜切成段。
2. 在鍋中放入雞翅、白蘿蔔、米以及 900mℓ 的水，開火加熱。沸騰後轉小火，撈去雜質，加入鹽後蓋上鍋蓋，熬煮 20 分鐘左右。
3. 米煮成粥狀以後，加入蔥、枸杞，再煮 10 分鐘左右，最後淋上芝麻油。另外，也可依個人喜好加入薑絲或黑胡椒。

押麥根菜湯

先用鹽水汆燙押麥，保存起來方便隨時使用。
完成的湯品，也適合冷凍保存。

【材料】2 碗份

杂燙押麥 … 2 大匙
牛蒡 … 7cm
白蘿蔔（切段）… 5cm
紅蘿蔔（切段）… 3cm
鹽 … 2/3 小匙
酒 … 1 大匙
沙拉油 … 1/2 小匙
芹菜葉（切末）… 適量
黑胡椒 … 適量

汆燙押麥
【→ 保存方法 p.85】
用小鍋子煮水，沸騰後加入 1/2 小匙鹽與 45g 押麥，煮 8 分鐘左右，再用濾網撈起來放涼。

【做法】

1. 牛蒡稍微清洗後切丁，白蘿蔔與紅蘿蔔切成邊長約 1cm 的小方塊。
2. 在鍋中加入 ① 與 800㎖ 的水，煮到沸騰後轉小火，再加入鹽與酒，蓋上鍋蓋熬煮約 15 分鐘。
3. 蔬菜煮軟後，加入押麥煮 5 分鐘左右，再淋上沙拉油。最後盛入碗中，撒上芹菜葉與黑胡椒。

韓式海帶芽湯

口感彈牙的韓國年糕畫龍點睛，
魚露的風味也很順口。

【材料】2 碗份

鹽漬海帶芽 … 10g
蔥 … 1/3 支
韓國年糕 … 8 片
酒 … 1 大匙
鹽 … 少許
魚露 … 1 小匙
芝麻油 … 1/2 大匙

容易入味又不易煮爛的韓國年糕，不僅耐放，而且方便調整分量，因此最適合用來煮湯。

【做法】

1. 海帶芽放入水裡泡發後，把水瀝乾，切成方便食用的大小。蔥以斷面中點為圓心畫十字形，直切 4 條，再橫切成長度 1cm 的蔥花。
2. 芝麻油倒入鍋中加熱，放入蔥花拌炒。稍微炒出顏色以後，加入海帶芽略為拌炒，再倒入 600mℓ 的水。
3. 沸騰後轉小火，加入年糕、酒、鹽及魚露，煮 5 分鐘左右，把年糕煮軟，最後盛入碗中。

八片裝吐司 對一人餐桌而言 剛剛好

很多人愛找我討論：
「喜歡幾片裝的吐司呢？」
不管是誰，講得再頭頭是道，
對我來說最適合一人餐桌的，就是八片。
不會太厚，也不會太薄，
可以做一般三明治，也可以做熱壓三明治，
當然也可以單吃吐司麵包。
八片裝吐司是早餐的萬用選手。

Best choice!

小黃瓜三明治

白色與綠色構成美麗的對比，蒜頭是奶油美乃滋當中的祕密武器。
運用重物壓在上方使味道融合，或者夾著直接吃，都很美味。

【材料】 1 人份

吐司（8 片裝）… 2 片
小黃瓜 … 1 條
鹽 … 1/4 小匙
奶油 … 15g
美乃滋 … 1/2 大匙
蒜頭（壓成泥）… 1/4 小瓣
檸檬汁 … 1 小匙

【做法】

1. 製作奶油美乃滋。將奶油用微波爐（600W）加熱 10～15 秒，軟化至跟美乃滋差不多的程度。放入調理盆中，加入美乃滋、蒜頭、檸檬汁混合。
2. 小黃瓜切成薄片，撒上鹽，放置 10 分鐘左右，使其充分脫水。
3. 在 1 片吐司上塗上 ①，鋪上滿滿的 ②，再用 1 片吐司夾起來。用保鮮膜包起後，在上方擺放重物，放置 10 分鐘後對半切開。

用重物壓著 10 分鐘，會更入味，
任何底部是平面的物體皆可替換使用。

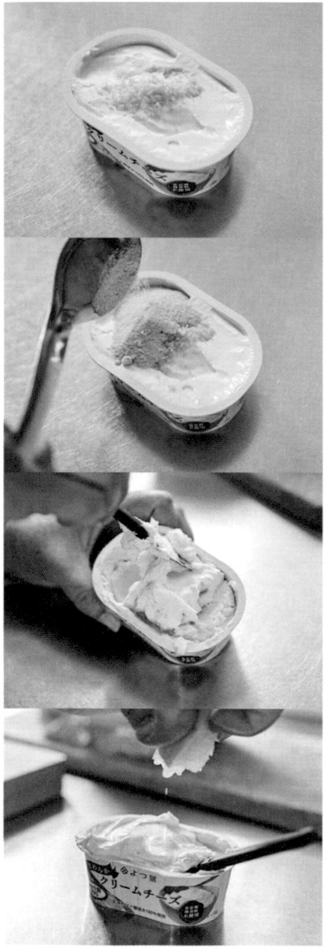

檸檬奶油乳酪三明治

直接在奶油乳酪盒中拌入調味料，十分痛快。
檸檬的酸味很清爽，不知不覺就一片接一片享用吐司。
三明治也可以搭配新鮮的沙拉，沾上檸檬奶油一起吃。

【材料】 1 人份

吐司（8 片裝）… 1 片
奶油乳酪 … 1 盒（100g）
檸檬汁 … 用 1/2 顆所擠出的分量
國產檸檬皮（切末）… 適量（偏多）
黍砂糖 … 1 大匙

【做法】

1. 將奶油乳酪放在室溫軟化後，加入檸檬皮、黍砂糖、檸檬汁攪拌混合。
2. 用烤麵包機或烤魚機來烤吐司，再抹上適量的 1。

memo

多的檸檬奶油乳酪可以抹在蘇打餅上，或是做成夾心餅乾，也可以拌入香草冰淇淋。搭配沙拉或香煎鮭魚一起吃，也很美味。冷藏可保存 10 天左右。

豪邁玉子燒三明治

用高湯醬油營造出淡淡的和風口味，
軟綿綿的口感搭配提味祕方——黃芥末美乃滋。
記得把超出吐司的蛋切掉，並趁熱享用。

【材料】1 人份

吐司（8 片裝）… 2 片
雞蛋 … 3 顆
高湯醬油 … 1 大匙
沙拉油 … 1/2 大匙
A 美乃滋 … 1 大匙
　黃芥末醬 … 1 小匙

【做法】

❶ 將 A 拌勻後，分別塗抹在吐司的其中一面。

❷ 將雞蛋打入調理盆中，加入高湯醬油與 1 大匙水，均勻攪拌。

❸ 用平底鍋加熱沙拉油後，將 ② 倒入鍋中，用調理筷大略攪拌一下，再將四邊折起，折成稍微小於吐司的四方形。

❹ 翻面再煎 1 分鐘左右，然後放到 ① 的吐司上夾起來。

❺ 裁去超出吐司周圍的蛋，並切成 4 等分。

巧克力起司熱壓三明治

從帶去露營的食材中，創作出來的美味。
巧克力的甜味與起司的鹹味融合在一起，
簡直就像在吃起司蛋糕一樣！

【材料】 1 人份

吐司（8 片裝）⋯ 2 片
巧克力片 ⋯ 1/2 片（25g）
披薩專用起司 ⋯ 45g

【做法】

1. 將起司鋪在吐司上。
2. 將巧克力片放在 ① 上，再用另一片吐司夾起。
3. 平底鍋不抹油，直接放入 ②，上方擺放小盤子後開火。用手緊壓小盤子，等到吐司的表面微焦後，翻面。
4. 當兩面都均勻煎出焦色後，取出，切成 4 等分。

平日也能做的豪華早餐

早上沒時間也沒關係，借助微波爐與鬆餅粉的一臂之力，就能端出一盤媲美飯店水準的早餐。

微波 法式吐司

使用微波爐，省去拿吐司沾蛋液的時間。
早上起床後，即可立刻完成。

【材料】4 片份

A 長棍麵包（切成 3cm 厚）⋯ 1/2 條（70g）
　牛奶 ⋯ 120mℓ

雞蛋 ⋯ 1 顆

砂糖 ⋯ 略多於 1 大匙

奶油 ⋯ 15g

草莓（切半）⋯ 3顆

糖粉 ⋯ 適量

【做法】

1. 在調理盆中打蛋，再加入砂糖均勻攪拌。
2. 把 A 放入耐熱容器，用微波爐（600W）加熱 1 分 30 秒～ 2 分鐘。待水分蒸發後，將 1 均勻倒入。
3. 在平底鍋中放入奶油並開火，待奶油融化後並排放入 2。加入 1 小匙砂糖（分量外），煎出焦色後上下翻面，再煎 2～3 分鐘。
4. 盛入盤中，放上草莓，再撒上糖粉。可依個人喜好添加楓糖漿。

用鬆餅粉做 早餐薄餅

外酥內軟，只要用手指抓著角落快速翻面，
可麗餅皮就不易破裂。

【材料】方便製作的分量

可麗餅皮（直徑 22cm 5 片份）
- 鬆餅粉 … 100g
- 鹽 … 少許
- 雞蛋 … 1 顆
- 牛奶 … 200mℓ
- 沙拉油 … 少許

餡料（1 片份）
- 雞蛋 … 1 顆
- 披薩專用起司 … 適量
- 火腿 … 1 片

【做法】

1. 在調理盆中倒入鬆餅粉、鹽並打入雞蛋。慢慢倒入牛奶，攪拌至均勻為止。
2. 用廚房紙巾沾沙拉油，塗勻在平底鍋中並加熱，接著用湯勺裝 1/5 份的 1，以畫圓的方式倒入鍋中。
3. 煎到微焦後翻面，再煎 1 分鐘左右即可取出。按上述步驟重複做 5 片餅皮。【冷凍保存 → p.85】
4. 將 3 放入平底鍋中開火加熱，放上起司、火腿並打上雞蛋。起司融化後，向內折起四邊的餅皮，即可盛盤。

趁著早晨時光，為數小時後的自己準備一份視訊午餐

既然都努力早起走進廚房了，
不如順便把便當也準備好吧。
只要將簡單的配菜一起放入便當盒裡，
就能完成一份令人期待中午打開盒蓋的居家午餐。
飯糰，可選用不同的口味增添變化。

芝麻油鹽味飯糰

充滿芝麻油香的鹽味飯糰。
捏飯糰的祕訣是
使用剛煮好的熱騰騰白飯。

【材料】 2 顆份

熱騰騰的白飯 … 160g（80g×2）
鹽 … 略多於 1/4 小匙
芝麻油 … 1/2 小匙
烤海苔片（飯糰用）… 2 片

【做法】

1. 在小碟子中倒入芝麻油與鹽拌勻。
2. 在手掌心沾上 ①，將白飯分成 2 等分，再分別捏成三角形。要吃的時候包上海苔。

黑芝麻櫻花蝦梅干飯糰

跟一般的梅干飯糰稍有不同，與芝麻的風味和櫻花蝦的甜味構成協調的三位一體。

【材料】2 顆份

熱騰騰的白飯 … 160g（80g×2）
熟黑芝麻粒 … 1/2 大匙
櫻花蝦 … 1 大匙
梅干（撕碎）… 1/2 顆
鹽 … 1/4 小匙

【做法】

1. 在平底鍋中放入芝麻與櫻花蝦烘炒。
2. 在調理盆中放入白飯、①、梅干，大略攪拌混合。在手掌心沾水，撒上半份鹽，並將白飯分成 2 等分，分別捏成三角形。

生火腿蒔蘿飯糰

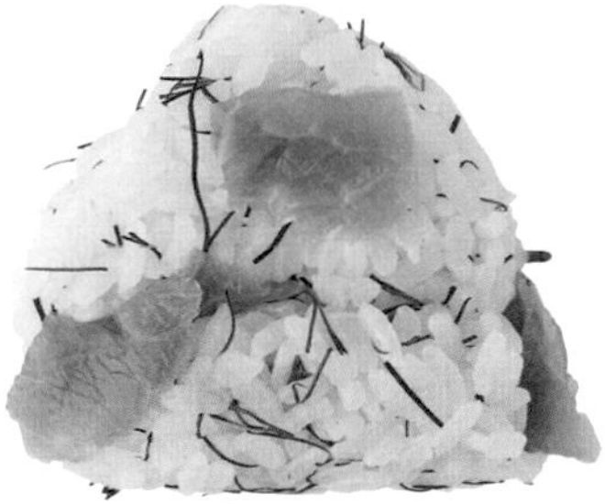

可依個人喜好加入奶油乳酪，或是將生火腿換成煙燻鮭魚也很好吃。

【材料】2 顆份

熱騰騰的白飯 … 160g（80g×2）
生火腿（切成容易入口的大小）… 25g
蒔蘿（切碎）… 1～2 支（若無，就用乾燥蒔蘿）
鹽 … 略少於 1/4 小匙

【做法】

1. 在調理盆中放入白飯、生火腿、蒔蘿並攪拌均勻。
2. 在手掌心沾水，撒上半份鹽，並將飯分成 2 等分，分別捏成三角形。

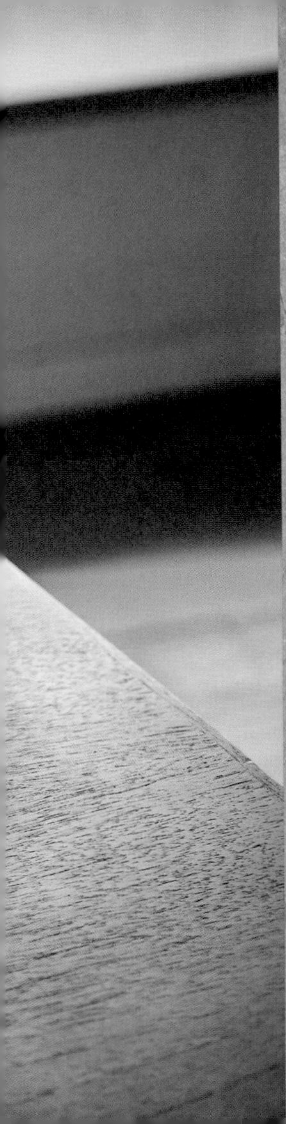

Part 2

十分鐘內完成，心滿意足的午餐

沒有什麼事比為自己一人準備午餐還麻煩的了，但只需要一點點小技巧和令人豁然開朗的創意，就能完成一頓讓人整個下午順利工作的午餐。只需要使用冰箱裡的食材，在玻璃碗裡攪拌均勻，或是用平底鍋簡單炒一炒，三兩下就能輕鬆上菜。不僅吃起來美味，也會有充足的時間好好品嘗。

如果剛好有一小碗白飯

如果冰箱裡剛好有一人份的
白飯庫存就太幸運了。
先稱讚一下幾天前的自己，
再開始翻找冰箱裡剩餘的食材。
切開番茄、炒顆蛋，
大方地蓋在白飯上，
瞬間就能完成一盤
分量十足的餐點。

台式 番茄炒蛋豬肉蓋飯

雞蛋炒到半熟後，先暫時起鍋，
最後再倒入一起拌炒，就能炒得又軟又嫩。
提味的蠔油，炒出令人莫名懷念的台式媽媽味。

【材料】1 人份

雞蛋 … 2 顆
燙豬肉（p.55）… 20g
小番茄（切半）… 8 顆
鹽 … 1 小匙
沙拉油 … 1 大匙
蠔油 … 1 小匙
熱騰騰的白飯 … 適量

【做法】

1. 在調理盆中打入雞蛋，再加入 1/4 小匙的鹽拌勻。在平底鍋中加熱沙拉油，倒入蛋液，用調理筷大略攪拌一下，炒到半熟後暫時起鍋。
2. 將小番茄放入平底鍋中，加入剩餘的鹽一起炒。接著加入燙豬肉、蠔油一起拌炒，炒到番茄開始脫皮後，把 ① 放回平底鍋中均勻翻炒。
3. 在容器中盛好飯以後，放上 ②。可依個人喜好加入切段的香菜，或者手邊有辣椒醬（市售品）的話，也可以加進去。

【材料】1 人份

雞蛋 … 1 顆
醬油 … 2/3 大匙
砂糖 … 略多於 1 小匙
叉燒肉（市售品）… 1 片
熱騰騰的白飯 … 適量
沙拉油 … 1 小匙

【做法】

1. 在平底鍋中加熱沙拉油，打入雞蛋，煎成荷包蛋。翻面後加入醬油、砂糖，均勻上色。
2. 將叉燒肉切成適合入口的大小，加入平底鍋中，一邊加熱一邊沾上醬料。
3. 在碗中盛飯，把 ② 鋪在飯上，可依個人喜好撒上細香蔥花。

油亮多汁 照燒荷包蛋蓋飯

勾勒、重現中國料理店的員工餐——蓋飯，
據傳這道料理是作家永六輔生前的最愛。
在平底鍋料理出油亮多汁的照燒醬汁是重點，
料理的同時，醬油與砂糖燒出油亮多汁的香氣，令人飢腸轆轆。

【材料】1 人份

碎豬肉片 … 80g
洋蔥 … 1/8 顆
A 魚露 … 1 小匙
鹽 … 少許
砂糖 … 1/2 小匙
酒 … 1 小匙
薑（磨末）… 1 小匙
沙拉油 … 1 小匙
高麗菜 … 1～2 片
熱騰騰的白飯 … 適量

【做法】

1. 在調理盆中拌勻 A，放入豬肉揉一揉，再放置 10 分鐘左右。洋蔥切絲，高麗菜切絲。
2. 在平底鍋中加熱沙拉油，將豬肉連同醬汁一起倒入鍋中，並加入洋蔥拌炒。
3. 在容器中盛好白飯，放上高麗菜與 ②。

薑燒豬肉蓋飯 魚露風味

只要用魚露取代醬油，就能使平常的薑燒風味搖身一變成為亞洲風味。
薑的香氣加上洋蔥的甜味，再配上高麗菜清脆的口感，
讓人停不下手中的筷子。

使用加了魚露與薑末的醬汁醃漬豬肉，可使肉質軟嫩。建議在前一天先醃肉，一來會更入味，二來也比較省時。

豆腐雞絲酪梨沙拉蓋飯

口味清淡的雞絲、濃郁的酪梨、
口感滑順的嫩豆腐構成三位一體。
搭配爽口的醋飯更容易入口，
即使是有點疲憊而食慾不佳的日子，
也能三兩下就吃完這道健康餐點。

【材料】1 人份

雞絲（p.54）… 1 條
酪梨 … 1/2 小顆
高湯醬油 … 1/4 小匙
嫩豆腐 … 1/2 塊
鹽 … 1/4 小匙
橄欖油 … 1/2 大匙
國產檸檬 … 1/8 顆
壽司醋 … 1 大匙
熱騰騰的白飯 … 約 160g

【做法】

1. 豆腐用廚房紙巾包住吸去水分，切成偏大的一口大小。放入調理盆中，加入鹽、橄欖油，大略混合一下。酪梨切塊，均勻沾上高湯醬油。
2. 在容器中盛飯，加入壽司醋，用飯勺大致拌勻。放上雞絲、酪梨、豆腐，再擠幾滴檸檬汁。

麵條，果然很可靠

說到一盤就能解決的
食材之王，非麵條莫屬。
像是便利商店也能買到的
冷凍烏龍麵、
燙一下就能起鍋的素麵，
甚至是不用燙就能使用的冬粉，
即使是沒有時間料理的日子，
也能迅速上桌、填飽肚子。
就連看起來很難的擔擔麵，
只要使用油麵和微波爐，即可瞬間完成。

帕瑪森起司素麵

在口感滑順的細素麵撒上滿滿的起司粉，
簡單的組合卻能嘗到起司的香甜在口中擴散，
變化出前所未有的美味。素麵的熱量較低，
所以可以盡情撒上滿滿的起司粉。

材料只有 4 種。請選擇香氣濃郁的特級初榨橄欖油。

【材料】1 人份

素麵 … 2 束（80～100g）
起司粉 … 2 大匙
橄欖油 … 2 小匙
粗粒黑胡椒 … 適量

【做法】

1. 素麵按照包裝標示，燙完以後用篩子瀝乾水分，不需要再用水沖過。
2. 裝入容器中，淋上橄欖油，再撒上起司粉與黑胡椒，趁熱拌勻食用。

memo

本來應該用現磨的帕瑪森乾酪，不過這裡簡單用起司粉來代替。當然也可以用帕瑪森乾酪來做！

檸香章魚拌麵

章魚的甘甜與檸檬的酸味，
加上蘿蔔苗微嗆的辛辣口味點綴。
蘿蔔苗很方便使用，只要用料理剪刀輕鬆剪開即可。
在容器中拌勻材料即可直接開動，很適合視訊午餐。

【材料】1 人份

素麵 … 2 束（80～100g）
水煮章魚 … 70g
國產檸檬（切成 5mm 厚的扇形）… 4 片
蘿蔔苗（切成 3cm 長）… 1/2 盒
A 鹽 … 少許
　高湯醬油 … 2 小匙
　橄欖油 … 1 大匙

【做法】

1. 撒一點鹽（分量外）在章魚上，稍微放置一下，再洗掉黏液，切成薄片。
2. 素麵按照包裝標示煮熟後，用冷水洗過，再用篩子瀝乾水分。
3. 將 ② 裝在容器裡，加入 ①、檸檬、蘿蔔苗、A 拌勻。

memo

沒有章魚的時候，用魩仔魚乾或鱈魚子代替也很好吃。
檸檬切得薄薄的，方便連皮一起食用。

豬肉釜玉烏龍麵

放上軟嫩的燙豬肉，一整碗分量十足。
黑七味粉豐富的香氣與風味撲鼻而來，
是一碗有點大人口味的釜玉烏龍麵。

【材料】1 人份

冷凍烏龍麵 … 1 塊
雞蛋 … 1 顆
燙豬肉（p.55）… 2 片
醬油 … 1/2 大匙
細香蔥（切蔥花）… 適量
黑七味粉 … 適量

【做法】

1. 燙豬肉切成方便入口的大小。用鍋子把水煮沸，接著用滿滿的沸水煮冷凍烏龍麵，再用篩子瀝乾水分。
2. 將烏龍麵裝入碗中，打入雞蛋，放上燙豬肉、細香蔥，再淋上醬油，撒一點黑七味粉。

韭菜拌麵

在白色的烏龍麵鋪上一層鮮嫩多汁的綠色韭菜，
風味滿分的韭菜，加上熱芝麻油的香氣，更令人垂涎三尺。

【材料】1 人份

冷凍烏龍麵 … 1 塊
韭菜 … 1/2 把
鹽 … 少許
A 薑（切絲）… 1/4 塊
醬油 … 1 小匙
芝麻油 … 1 大匙

【做法】

1. 韭菜切成 5mm 寬，放入調理盆中，撒上鹽一起拌勻。冷凍烏龍麵用微波爐（600W）加熱 2～3 分鐘。
2. 將烏龍麵盛盤，撒上 A，再用韭菜將烏龍麵蓋住。在小鍋子中加熱芝麻油，最後淋在韭菜上。

開動前，請先充分攪拌。

越式 茄子冷拌烏龍麵

烤茄子的香味、青紫蘇與薄荷的清爽、香菜濃烈的香氣，搭配得天衣無縫。
炸洋蔥的口感也很棒，還可以淋上魚露風味的醬汁，
請試著找出自己喜歡的味道。

【材料】 1 人份

冷凍烏龍麵 … 1 塊
茄子 … 2 條
青紫蘇（用手撕碎）… 2 片
薄荷（用手撕碎）… 適量
香菜（切段）… 1 株
炸洋蔥 … 適量
A 魚露 … 2 大匙
檸檬汁 … 用 1/2 顆所擠出的分量
大蒜（磨末）… 1/4 瓣

memo

A 的醬汁可冷藏保存 10 天左右。可以淋在炸雞、豆腐上，或是當成水餃沾醬也很棒。烤茄子請在當天早上或前一天先做好。

【做法】

1. 在茄子的蒂頭周圍劃幾道切口，用烤魚機烤 15 分鐘左右，再去皮放入冰箱冷藏約 30 分鐘。把 A 放進保鮮罐裡。
2. 煮一鍋沸水，用滿滿的沸水煮冷凍烏龍麵，然後把水瀝乾。用冷水清洗後，再用篩子瀝乾水分。
3. 把 ① 的茄子切成方便食用的大小，然後用手捏散。
4. 將 ② 盛盤，放上 ③、青紫蘇、薄荷、香菜、炸洋蔥。適量淋上 A 並攪拌均勻。

蔥燒鹽漬豬肉炒麵

材料只有鹽漬豬肉與蔥。
加入大量的蔥，最後淋上一圈芝麻油，
風味令人食指大動，山椒粉的香氣是精髓。

【材料】 1 人份

油麵 … 1 塊
鹽漬豬肉（p.53）… 60g
蔥（斜切）… 1/2 支
鹽 … 1/2 小匙
酒 … 1 大匙
沙拉油 … 1/2 大匙
芝麻油 … 1 小匙
山椒粉 … 適量

【做法】

1. 鹽漬豬肉切成容易入口的大小。麵用微波爐（600W）加熱 1 分鐘左右。
2. 在平底鍋中倒入沙拉油，放入鹽漬豬肉，開火加熱。兩面都上色以後，按照蔥、麵條、鹽、酒的順序加進去拌炒。
3. 淋一圈芝麻油後，大略拌炒一下即可盛盤，最後再撒上山椒粉。

微波擔擔麵

只要將所有材料放入耐熱容器中，
接著用微波爐加熱即可。
如此簡單又美味，實在好想招待客人吹噓一番。

【材料】1 人份

A 油麵 … 1 塊
肉燥（p.52）… 2 大匙
熟白芝麻粒 … 1/2 大匙
味噌 … 1 小匙
醬油 … 1 大匙
日本豆乳（無調整）… 200mℓ
水 … 100mℓ
香菜（切段）、細香蔥（切蔥花）、
辣油、山椒粉 … 各適量

請選擇可以完整盛裝麵條的容器。200mℓ 包裝的豆乳可以一次用完，相當方便。

【做法】

1. 將 A 放入耐熱容器中，包上保鮮膜。
2. 用微波爐（600W）加熱 2 分鐘後取出，將麵條上下翻面攪拌後，再加熱 3分鐘左右，直到湯變得熱呼呼為止。
3. 盛入碗中，撒上香菜與細香蔥，接著淋上辣油，再撒上山椒粉。

清爽雞肉冬粉

說到越南料理的代表菜當屬河粉，
不過，用冬粉煮的麵食也很常吃到。
冬粉不僅不用泡水即可使用，口感也很清爽滑順。

【材料】1人份

冬粉…30g
雞絲（p.54）…適量
豆芽菜…適量
A 雞湯粉…1/2小匙
　鹽…少許
　砂糖…1/3小匙
　酒…1大匙
魚露…2小匙
B 香菜（切段）、芹菜葉（切段）、
　炸洋蔥…各適量
粗粒黑胡椒…適量

【做法】

1. 豆芽菜洗乾淨後，去掉鬚根。
2. 用鍋子煮沸 450mℓ 的水，加入冬粉與 A。冬粉煮軟後，加入魚露、雞絲，再稍微煮一下。
3. 盛盤後放上 1 與 B，再撒上胡椒，並可依個人喜好擠一點檸檬汁。

用雞柳做雞絲

用低熱量、高蛋白的雞柳做出健康料理。麻煩的去筋作業，只要使用料理剪刀即可輕鬆完成。加了酒以後，就算使用微波爐調理，也不用擔心口感變柴。也可以用來做沙拉或雞蛋料理。

【材料】

雞柳 … 3～4 條
酒 … 1 大匙
鹽 … 1/4 小匙

【做法】

1. 雞柳用料理剪刀去筋，然後用手鋪平在耐熱容器中。加入酒與 2 大匙水，包上保鮮膜時不要包太緊，再放入微波爐（600W）中加熱 2 分鐘。上下翻面後，再加熱 1～2 分鐘。
2. 稍微放涼以後，用手撕成一塊一塊的，再放入保鮮盒中，撒上鹽，大略攪拌一下。

保存期限　冷藏 3～5 天

活用食譜　豆腐雞絲酪梨沙拉蓋飯 → p.37
清爽雞肉冬粉 → p.50

用火鍋肉片做燙豬肉

用醋的力量將涮涮鍋用的火鍋肉片變得蓬鬆軟嫩。水煮沸以後關火，儘管放心使用餘溫燙熟肉片，口感溫潤而不柴。

←

【材料】

豬後腿肉（涮涮鍋用，或里肌肉）⋯ 200g
醋 ⋯ 1 小匙

【做法】

1. 用稍大的鍋子煮一鍋沸水，沸騰後關火，加入醋。用夾子（或調理筷）一次夾 1～2 片豬肉進去汆燙，肉色變白之後，再夾到冷水中冷卻。
2. 用篩子瀝乾水分，再放進鋪了廚房紙巾的保鮮盒裡。

保存期限　冷藏 3 天

活用食譜　台式番茄炒蛋豬肉蓋飯 → p.33
豬肉釜玉烏龍麵 → p.44
泰式酸辣鍋 → p.62

Part 3

晚餐與下酒菜，來點小任性

雖然稱不上是《孤獨的美食家》主角井之頭五郎的料理版，但還是要犒賞一下辛苦了一天的自己，做「今天的我」想吃的東西，然後盡情地大快朵頤。運用傍晚在超市購買的特惠商品，隨意做幾道下酒菜，再來罐比平常稍微高檔一些的啤酒，就可以開始收看直播了。噢，真是太幸福了。

盡情滿足 內心的慾望

好想吃炸物！好想吃牛排！
不知道為什麼，對食物的慾望
總在疲憊的夜裡降臨。
麻煩的炸物，做法其實可以很簡單，
看似難煎的牛排，原來也能夠
輕輕鬆鬆變出好滋味。

不裹麵衣的酥炸雞塊

省去沾裹麵衣的麻煩作業。
從冷油開始炸，因此也不需要注意油溫。絕不失敗的酥炸雞塊，
可以享受到韓國風、亞洲風與黑胡椒鹽等3種「口味變換」的樂趣。

【材料】1 人份

雞腿肉（炸雞塊用）… 200g
鹽 … 少許
胡椒 … 少許
太白粉 … 2 大匙
炸油 … 適量

【做法】

1. 為雞肉撒上鹽與胡椒，再抹上太白粉。
2. 將炸油與雞肉放入平底鍋中加熱，慢慢炸 7 分鐘左右，直到雞肉呈現出金黃焦色為止。

memo

使用先切好的炸雞用肉塊，也是節省時間的重點。為了維持對於料理的熱情，盡量用最少的時間清洗碗盤。

沾　醬

Ⓐ 韓國風

將醋 1/2 大匙、醬油 1 大匙、韓式辣醬 1 小匙、黑芝麻粉 1 小匙攪拌均勻。

Ⓑ 泰式甜辣醬＋檸檬汁＋魚露

以 2：1：1 的比例混合。

Ⓒ 鹽＋黑胡椒

以 1：1 的比例混合。

媲美和牛的牛排

想要煎出好吃的牛排。既然如此，從前往附近超市的牛肉區開始，
就算是踏出料理的第一步了。價格合理的進口牛肉，
只要憑借挑選方式與煎法，即可煎出外酥內嫩的半熟牛排。
牛肉要回到室溫再下鍋是鐵則。事先備好只需攪拌即可的香辛料奶油，
就不用花太多心力在醬料囉。

【材料】 1 人份

牛肩里肌肉（牛排用）
…250～350g
鹽…少許
黑胡椒…少許
橄欖油…1/2 小匙
A 奶油…20g
　細香蔥（切蔥花）…1 支
花椰菜…3～4 朵
貝比生菜…適量

【做法】

1. 在平底鍋中加熱橄欖油，放入牛肉煎 3 分鐘。翻面再煎 1～2 分鐘後，用鋁箔紙包起來，放置 3～5 分鐘。
2. 將花椰菜放入 ① 的平底鍋中，煎到表面微焦。
3. 將 ①、②、貝比生菜盛盤，旁邊放上佐料 A。

○ 事前準備

將 A 的奶油放在室溫軟化後，加入蔥花拌勻，接著放入冰箱冷藏。將牛肉從冰箱中取出，放置 30 分鐘，直到溫度與室溫相同，並在下鍋煎之前在兩面撒上鹽與黑胡椒。

挑選方法

標示「牛排用」且含適量脂肪的紅肉，其口感溫潤美味。厚度以 1～2cm 為最佳，紐西蘭產的牛肉富含香氣，推薦一試。

煎法

中火煎 3 分鐘，翻面後再煎 1～2 分鐘為最佳。如果使用熱傳導佳的鐵製平底鍋，則能煎得更加鬆軟。

煎完以後

從平底鍋中取出，用鋁箔紙包起來靜置，餘溫會慢慢烘熟牛排內部，可以把肉汁完整地鎖在裡面。

微酸

泰式酸辣鍋

疲憊的日子，總是莫名地想吃酸的東西。
用檸檬的酸味來提味的熱湯，
讓身體得到放鬆，蝦子與燙豬肉
也幫助我們充分攝取蛋白質。

擠上滿滿檸檬汁後，再連皮一起丟進去。可依個人喜好充分運用酸味。

memo

蝦殼或蔬菜可以煮出美味的高湯，因此不需要依賴高湯粉或市售品，也能煮出十足的鮮味。手邊如果有的話，建議還可加入檸檬草、卡菲爾萊姆葉（泰國青檸葉）一起煮，味道會更道地。

【材料】 1～2 人份

蝦子（去殼）… 6 隻
燙豬肉（p.55）… 50g
牛番茄 … 1 顆
鴻喜菇 … 50g
芹菜 … 1/3 支
A 鹽 … 1/4 小匙
　砂糖 … 1/4 小匙
　酒 … 1 大匙
　魚露 … 1 大匙
　檸檬汁 … 用 1/2 顆所擠出的分量
香菜（切段）… 適量
炸洋蔥 … 適量

【做法】

1. 蝦子用竹籤或牙籤去腸泥。鴻喜菇切成一小株一小株，牛番茄切塊。芹菜去除粗纖維，切成 4cm 長，再縱切成 1～2mm 厚。
2. 在鍋子煮沸 600㎖ 的水，依序加入蝦子、燙豬肉、芹菜、鴻喜菇、切塊番茄、A。等到蝦子變色後，關火。
3. 盛入容器中，放上香菜、炸洋蔥，並可依個人喜好淋上檸檬汁。

微辣

川式 油豆腐乾煸四季豆

花椒的辛香帶來美味的餘韻。
將四季豆用慢火煎炸，是美味的訣竅。
用來當作檸檬沙瓦等酒精飲料的下酒菜也很優秀。

【材料】1 人份

四季豆 … 200g（1包）
油豆腐 … 1 塊（150g）
A 紅辣椒（去籽後切碎）… 2 條
花椒 … 1 小匙
大蒜（切末）… 1/2 瓣
薑（切末）… 1/2 小段
鹽 … 1/2 小匙
蠔油 … 1 小匙
沙拉油 … 1 又 1/2 大匙

【做法】

1. 油豆腐切成 1cm 厚，四季豆去絲。
2. 用弱中火在平底鍋中加熱沙拉油，放入四季豆，慢火煎炸 4～5 分鐘。上色後，加入 A 一起翻炒。最後加入油豆腐，炒熟後淋上一圈蠔油。

辣味來自紅辣椒與花椒。花椒在日本又稱中國山椒，微微的麻辣口感與帶有餘韻的清爽香氣是其特徵。

輕輕鬆鬆做出原汁原味
一人份的香料咖哩

無論是獨自生活或與家人同住，
希望能不必顧慮任何人，
按照個人喜好做一道香料咖哩，
好好享用！雖然似乎曾聽人說過，
咖哩一次做愈多、愈好吃，
但只要調整材料的切法與
加熱的時機，就能做出
省時又美味的一人份咖哩。
美味的關鍵就在番茄所含的
鮮味成分——麩胺酸。
即使放到隔天也一樣好吃，
不如一次準備兩盤，大快朵頤一番。

爽脆 薑末豬肉咖哩

切成粗絲的薑與切成條狀的馬鈴薯，
它們脆脆的口感是重點。
不僅容易煮熟，而且只要 10 分鐘就能上桌。
使用市售的咖哩粉簡單調味，再用味噌與伍斯特醬提味，
加上魚露的風味，變化出餘韻十足的滋味。

【材料】 2 盤份

碎豬肉片 … 120g
馬鈴薯 … 1 大顆
薑（連皮切絲）… 1 段
大蒜（切末）… 1 瓣
咖哩粉 … 1 大匙
A 味噌 … 2 小匙
　伍斯特醬 … 1 小匙
　魚露 … 1/2 小匙
　鹽 … 1/2 小匙
小番茄 … 4 顆
沙拉油 … 1 大匙
熱騰騰的白飯 … 適量

【做法】

1. 豬肉切成方便食用的大小。馬鈴薯切成條狀。小番茄對半切。
2. 在平底鍋中加入沙拉油，放入大蒜爆香。聞到香氣後，加入豬肉一起炒，炒到肉色改變以後，加入小番茄一起炒，直到番茄的水分都炒乾為止。
3. 加入咖哩粉繼續翻炒，放入馬鈴薯與薑大致拌勻後，倒入 400mℓ 的水。沸騰後轉小火，再倒入 A ，一起煮 8～10 分鐘。
4. 在容器中盛飯，淋上 3。可依個人喜好添加醋拌蘿蔔絲（p.115）。

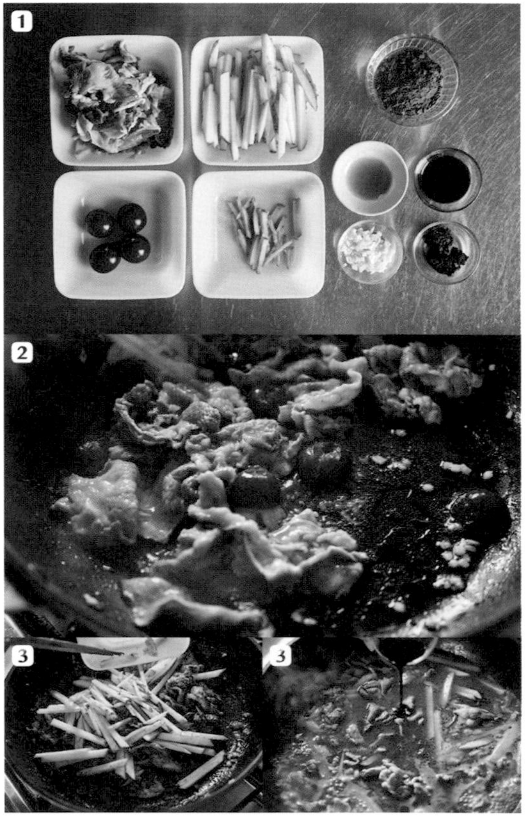

memo

用番茄的鮮味代替高湯。薑切成粗絲並與馬鈴薯同時下鍋，是很好玩的一種食材。平底鍋請選用有點深度、直徑 26cm 的鍋子，比較方便。

使用萬能的鑄鐵平底鍋

戶外用品中常見的加厚鑄鐵平底鍋，
由於蓄熱性佳，能夠保留食材鮮味，
趁熱將佳餚端上桌。
此外，要洗的碗盤數量因此減少，
這也是一人餐桌最令人開心的地方。

※材料全都是一人份。

乾煎茄子

【材料】

茄子 … 1 條
高湯醬油 … 略多於 1/2 小匙
柴魚片 … 3g
沙拉油 … 1 小匙

【做法】

1. 茄子去蒂，縱切成 4 等分。加熱鑄鐵鍋，倒入沙拉油，把茄子皮朝下放入鍋中。用調理筷一邊翻動一邊煎至表面微焦為止。
2. 撒上柴魚片，淋上高湯醬油。

煎蓮藕與小番茄

【材料】

蓮藕（帶皮）… 切 3 片 1cm 厚的半圓形
小番茄 … 6 顆
沙拉油 … 1 小匙
鹽 … 1/3 小匙

【做法】

1. 鑄鐵鍋加熱，倒入沙拉油，放入蓮藕、小番茄加熱。蓮藕煎熟後，撒上鹽。

白葡萄酒一杯接一杯的美味

視覺的衝擊也能刺激味蕾

西班牙橄欖油蒜味秋葵蝦

【材料】

蝦子（帶殼）… 8 隻
大蒜（去芽後切成薄片）
… 1 瓣
秋葵 … 6 根
紅辣椒（去籽）… 1 條
橄欖油 … 略少於 100㎖
鹽 … 1/2 小匙

【做法】

1. 蝦子用竹籤或牙籤去腸泥，秋葵用菜刀切掉蒂頭。
2. 將所有材料放入鑄鐵鍋中加熱。煮到油變得滾燙，蝦子變色以後，即可關火。

乾煎高麗菜

【材料】

高麗菜 … 1/4 小顆
鯷魚（菲力）… 1 片
沙拉油 … 1 小匙

【做法】

1. 高麗菜清洗完畢，用廚房紙巾將水擦乾。
2. 加熱平底鍋，倒入沙拉油，並放入①。用調理筷一邊翻動一邊煎到表面微焦為止。
3. 在鑄鐵鍋多餘的空間放入鯷魚，大略煎一下。最後依個人喜好撒上鹽，搭配鯷魚一起享用。

memo

如果改用其他油品，即使是同樣的材料與做法，也會煮出不同的滋味。橄欖油換成芝麻油，會變成中華風；煎蓮藕與小番茄的油品換成橄欖油，再撒上香草，就會變成西式風味。

用少少的油

說實在的，炸物做起來很麻煩。
但不管是深夜追劇，
還是拿來配直播，第一個想到的
肯定都是炸物。接下來這兩道炸物
只需要一個平底鍋加上少少的油，
就能迅速完成，就算每晚做也不嫌累。

速炸馬鈴薯塊

重點是用微波爐加熱馬鈴薯後，放入冷油中油炸。
事先讓馬鈴薯變軟，就能在短時間內煮熟，
將馬鈴薯塊炸得金黃酥脆。

【材料】1 人份

馬鈴薯 … 2 顆
沙拉油 … 適量
鹽 … 適量

【做法】

1. 馬鈴薯連皮洗淨，切成 8 等分的半月形。裝入耐熱容器中，包上保鮮膜時不要包太緊，接著放入微波爐（600W）加熱 2 分鐘左右。
2. 將 ① 放入平底鍋，倒入約可蓋過馬鈴薯的沙拉油，開火油炸到馬鈴薯呈現金黃焦色為止。最後盛入容器中，撒上鹽即完成。

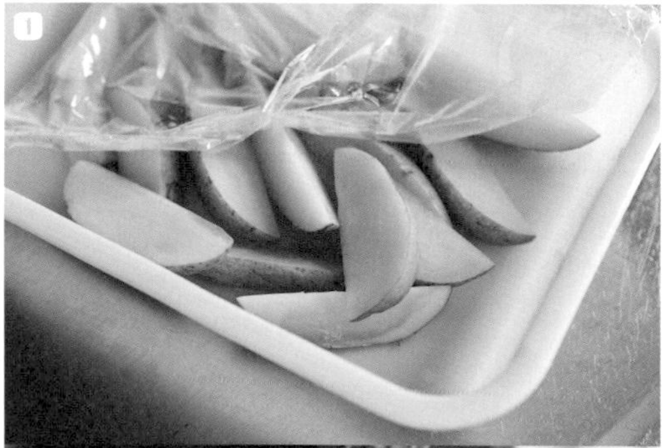

memo

如果是皮比較薄的嫩馬鈴薯，請先削皮再料理，比較能炸出漂亮的馬鈴薯塊。

帕瑪森乾酪絞肉春捲

在絞肉中加入富含蛋白質又健康的希臘優格，
創造出濃厚的奶油香。
混合起司粉的鮮味，這道料理剛炸好就能讓人
啤酒一杯接一杯，停不下來。

【材料】 1 人份

A 絞肉 … 100g
- 大蒜（壓成泥）… 1/4 小瓣
- 鹽 … 1/4 小匙
- 希臘優格 … 2 大匙
- 起司粉 … 1 大匙
- 粗粒黑胡椒 … 少許

春捲皮 … 5～6 片
麵粉水（麵粉與水各 1 大匙拌勻）… 適量
沙拉油 … 適量
芫荽粉 … 適量
鹽 … 少許

【做法】

1. 將 A 放入調理盆中，攪拌至黏稠狀為止。
2. 鋪一張春捲皮，放上 ① 後捲一圈，折起左右兩端，再繼續向前捲。捲完以後，在皮的邊緣塗上麵粉水黏起來。
3. 在平底鍋中倒入約 1cm 深的沙拉油，放入 ② 並加熱。用調理筷邊翻動邊炸，直到炸出金黃焦色為止。
4. 盛入容器中，撒上芫荽粉與鹽。如果有薄荷的話，也可以加進去。

希臘優格的水分含量比一般優格少，因此不需要瀝掉水分即可使用，相當方便。與起司粉一起加進去，可以讓絞肉呈現出濃郁的滋味。

鮮甜的蒸煮蔬菜

想要大量攝取蔬菜時，
推薦使用鍋蓋可以緊密閉合的
小土鍋（p.82）。
鎖住蔬菜的能量，用高溫蒸煮，
保留住新鮮蔬菜的原汁原味，
如果有好一點的鹽與橄欖油，
更是讓人齒頰留香。

西式蒸櫻花蝦小松菜

苦澀味不重又含有鈣等豐富營養的小松菜，
加上櫻花蝦自然的鮮味，吃起來十分順口。
煮到微焦的地方也很美味，
請記得均勻攪拌過後再享用。

【材料】直徑 16.5cm 的鍋子 1 鍋份

小松菜 … 200g
櫻花蝦 … 1 大匙
鹽 … 1/2 小匙
橄欖油 … 1 大匙

【做法】

1. 小松菜從根部開始縱切成一半，清洗乾淨後把水瀝乾，再切成 4cm 長。
2. 放入較小的鍋子中，均勻撒上鹽，並放上櫻花蝦。淋一圈橄欖油，蓋上鍋蓋加熱。冒出水蒸氣以後，再蒸煮 3 分鐘左右。

用簡單食材 做下酒菜

趁著超市打烊前，
看到海膽或鮪魚背骨肉
推出特惠價時，趕緊購入。
稍微擺盤一下，就能端出
價值翻了數倍的精緻下酒菜。
火腿、青花菜、油炸豆皮等，
家裡有的食材也瞬間跟著升級。

海膽

海膽與海苔的黃金組合，
用特製美乃滋奶油
盡情增添鮮味。
再加上一堆具有清血管功能的
紅洋蔥來均衡一下，
最後依個人喜好撒上鹽，開動。

美乃滋奶油海膽

【材料】方便製作的分量

海膽 … 適量
紅洋蔥 … 1/8 小顆
烤海苔片（飯糰用）… 2 片
奶油 … 20g
美乃滋 … 1/2 小匙

【做法】

1. 奶油退冰至室溫，再與美乃滋攪拌在一起。紅洋蔥切絲後泡水，再用篩子撈起，用廚房紙巾擦去水分。
2. 用對半切開的海苔包海膽、紅洋蔥、①的美乃滋奶油，然後捲起來食用。

鮪魚背骨肉

鮪魚富含優質蛋白質、
鐵與礦物質。
可以品嘗到紅肉
濃郁滋味的背骨肉，
加上紅椒、紅洋蔥等食材，
配上塔塔醬，
並以鯷魚的鹹味作點綴。

鮪魚蔬菜佐塔塔醬

【材料】方便製作的分量

鮪魚背骨肉 … 100g
紅椒 … 1/8 顆
紅洋蔥 … 1/4 小顆
鹽 … 1/4 小匙
鯷魚（菲力）… 1 片
檸檬汁 … 1/2 大匙
橄欖油 … 1 大匙
長棍麵包 … 1cm 厚 3～4 片

【做法】

1. 將紅椒與紅洋蔥切末，鯷魚用湯匙背面拍碎。
2. 在調理盆中放入鮪魚、① 的紅椒與紅洋蔥一起攪拌。加入鹽、鯷魚、檸檬汁，大略混合一下，再加入橄欖油。
3. 用長棍麵包當簡易吐司，放上 ② 一起吃。

堅果炒青花菜

【材料】方便製作的分量

青花菜 … 1/2 顆
綜合堅果 … 50g
大蒜（去芽後切薄片）
… 1/2 瓣
紅辣椒（去籽後切碎）
… 1 條
鹽 … 1/2 小匙
酒 … 1 大匙
橄欖油 … 1 又 1/3 大匙

【做法】

1. 青花菜切成一小朵一小朵。
2. 用平底鍋加熱 1 大匙橄欖油，放入大蒜、紅辣椒爆香，聞到香味後加入青花菜、鹽、酒，蓋上蓋子蒸煮。
3. 青花菜熟了以後，加入綜合堅果與 1/3 大匙橄欖油，再拌炒一下即可。

青花菜

青花菜不需要汆燙，只要用少量的酒清蒸。可以在短時間內引出食材的鮮味，再用大蒜增添風味，是口感微辣的一道小品。

中式味噌煎豆皮

【材料】1 人份

油炸豆皮 … 1 片
A 甜麵醬 … 1 大匙
　豆瓣醬 … 1/4 小匙
　砂糖 … 少許
　細香蔥（切蔥花）… 1 支
沙拉油 … 1 大匙

【做法】

1. 在小調理盆中放入 A，均勻攪拌。用筷子把整片油炸豆皮翻動一下，比較容易打開。
2. 把油炸豆皮打開成袋狀，在裡面抹上 A。在平底鍋中倒入沙拉油，將油炸豆皮煎到兩面呈現金黃焦色後，切成 6 等分再盛盤即可。

油炸豆皮

由甜麵醬與豆瓣醬混合而成的中式味噌，讓油炸豆皮更有層次。脆脆的口感與辛辣味噌的組合，很適合配日本酒。

火腿奶油乳酪沾醬

【材料】方便製作的分量

火腿 … 50g（4 片）
奶油乳酪 … 100g
蘇打餅 … 適量

【做法】

1. 火腿切碎，奶油乳酪放在室溫軟化。
2. 在大調理盆中放入 ①，用攪拌器攪拌至滑順為止。沾著蘇打餅一起吃。

火腿

在超市或便利商店就能買到的火腿，是非常適合配葡萄酒的下酒菜。可以沾在蘇打餅或長棍麵包上一起吃，也可依個人喜好撒一點黑胡椒。

酪梨

祕訣是使用具有濃厚奶香味的希臘優格。富含維生素的酪梨下鍋後，口感會變得更～加綿密。

焗烤酪梨優格

【材料】1 人份

酪梨（去籽）… 1/2 顆
希臘優格 … 2 大匙
鹽 … 1/4 小匙
橄欖油 … 1/3 小匙
披薩專用起司 … 20g

【做法】

1. 把鹽、橄欖油加入優格中攪拌均勻。
2. 在酪梨中間的凹洞填入 ①，再撒上起司。
3. 在烤麵包機或烤魚機中鋪上鋁箔紙，把酪梨放進去，烤到起司微焦為止。

廚房清潔溜溜！

順利完成一人餐桌的用具與訣竅

儘管常有人說，準備一人份的料理比想像中還難，
但其實並不需要什麼特別的技巧。
只要選擇最實用的用具與食材，
並掌握一些保存的訣竅，
一人餐桌就會愈來愈自由愉快。

使用尺寸較小的鍋子或平底鍋

右／直徑 20cm 的鐵氟龍材質平底鍋，是深度剛剛好，且煎、煮、蒸、炸都難不倒的萬能選手。有了這一只平底鍋，幾乎任何料理都能搞定！　左下／柳宗理直徑 16cm 的牛奶鍋（附蓋），兩側有注水口，適合煮湯或飲料。　左上／鍋蓋可以緊密閉合的小土鍋，適合用來煮一人份的飯或蒸煮蔬菜，直接端上餐桌也很可愛。

調味料或食材選擇小包裝的•••

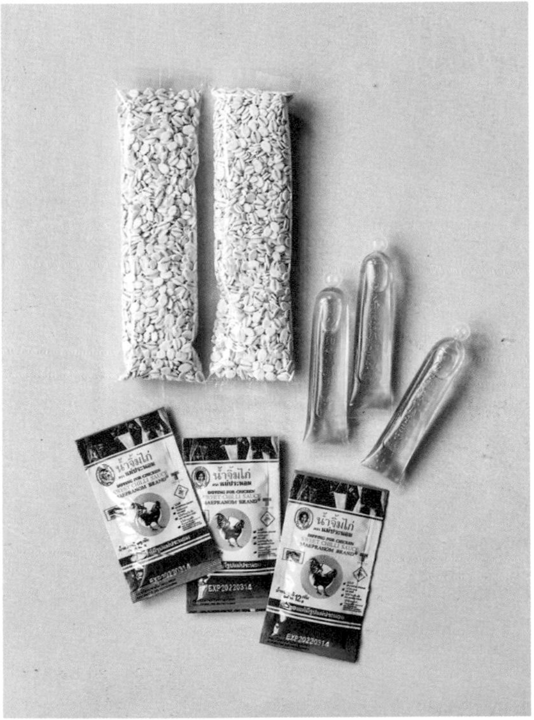

如果每餐只需要準備一人份的餐點，即使發現美味的調味料或食材，也常常無法趁新鮮時用完，因此我想推薦這些小包裝的商品。因為可以一次用完，所以隨時都能保持最新鮮的狀態，衛生方面也比較安心。從右邊開始順時針方向依序是蜂蜜、泰式甜辣醬，還有p.14 用到的押麥也是方便的條狀包裝。

活用十元商店、百元商店等均一價商店•••••

夾子因為很常使用，所以我都買百元商店的產品，就算壞了也可以馬上買新的。簡單的白色塑膠保鮮盒，最適合用來放切好的蔬菜，除了邊長 12cm 又有一定深度的保鮮盒，我還有其他各式各樣大大小小的尺寸。因為可以疊在一起，所以不僅不占空間，還能放進微波爐裡加熱，非常實用。

認識適合一人餐桌的蔬菜

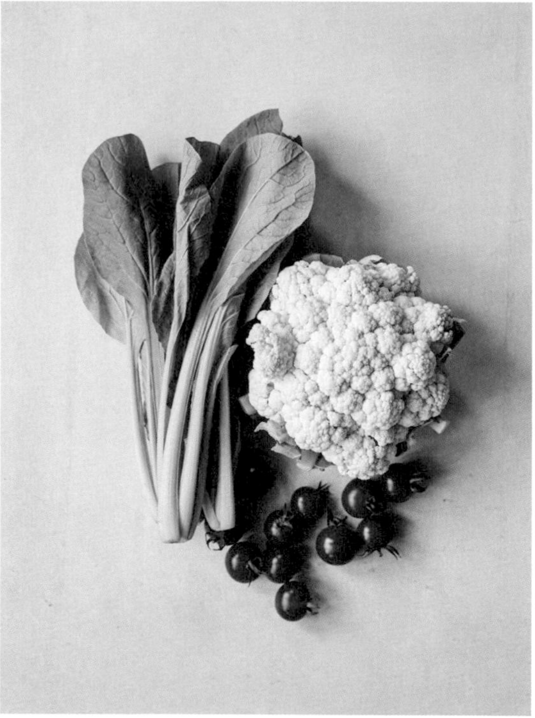

小松菜比起菠菜較不苦澀，幾乎可以直接生吃。把根部稍微清洗後，用廚房紙巾包起來保存，想使用時再簡單切一下即可。當中含有豐富的鈣與鐵，也可以預防貧血。花椰菜能煮出濃郁的鮮味，因此可以放入湯裡或當作炊飯的材料。小番茄的味道比番茄濃，吃起來滿足感高，不需要菜刀這一點也很方便。

善用增添鮮味的乾貨

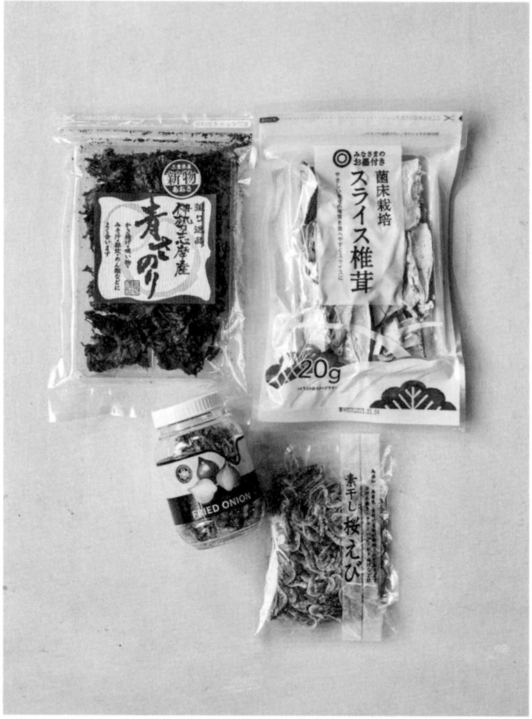

不僅可以長期保存，使用起來也很簡便。乾香菇已經切成方便食用的大小，泡水後可以拿來炒菜，也可以拿來煮湯。櫻花蝦可以加在義大利麵或蒸煮蔬菜中，增添鮮豔的色彩。炸洋蔥的口感很好，可以撒在咖哩或沙拉上。紫菜只要直接加入一般的湯或味噌湯裡面，就能大幅提升鮮味與滿足感。

春捲皮

市售的春捲皮分量很多，很難一次用完，但可以分成 2～3 片用保鮮膜包起來，再放進保鮮袋裡。跟可麗餅皮一樣，夾進透明資料夾裡，避免破裂。

◎使用的時候

使用前放到室溫下自然解凍 1 小時。

押麥

押麥先用鹽水汆燙以後（p.14），按照每餐分量分裝在保鮮袋裡保存。加進湯裡、混在蔬菜沙拉裡，或是拌入白米中煮熟，即可輕鬆攝取到食物纖維。

◎使用的時候

用微波爐解凍。如果要加進湯裡，可以直接使用。

綜合菇類

將菇類冷凍起來，不僅可以保存很久，甜度也會大幅提升。去掉蒂頭以後，分成小朵，將 2～3 種菇類混合放入保鮮袋中，使用起來很方便。

◎使用的時候

直接使用。輕輕撥開，取出要用的分量，不用解凍即可放入湯裡，或是用來炒菜也行。

可麗餅皮

一次煎好（p.27），冷卻後逐一用保鮮膜包起來，夾在透明資料夾中放進冷凍庫。可麗餅皮很薄，因此冷凍時容易破裂，不過這樣保存就不用擔心了。

◎使用的時候

使用前放到室溫下自然解凍 1 小時。

 ◎保存期限／全部皆可在冷凍庫中保存 3 週。

Part 4

用少少的食材，做深夜點心

不會接到任何來電或訊息的寂靜深夜，草草結束飯後小酌，好不容易能喘口氣，這時卻莫名地想來點甜點。乾脆拿起手機，放到剛收拾好的廚房裡，用低音量播放音樂，開始準備甜點來療癒五感吧。從廚房到玄關都飄散著幸福的香氣，心情真好。

(12/28更新)
シャッフル

用 5 種材料做 英式奶油酥餅

只需要混合幾樣材料，就能做出正統的英式小點心。
少許鹽分剛剛好，搭配紅茶最對味。也可以放入喜歡的空罐裡，當成禮物送人。

【材料】16 片份

A 低筋麵粉 … 110g
　黍砂糖 … 25g
鹽 … 少許
沙拉油 … 30g
牛奶（或日本無調整豆乳）… 1/2 大匙

○ 事前準備
將 A 放入調理盆中，用打蛋器把空氣攪拌進去。

【做法】

1. 在大調理盆中倒入沙拉油、牛奶、鹽，用刮板攪拌均勻。
2. 倒入事前準備好的 A，用刮板上下攪動切拌，拌勻後用手揉成一團。
3. 放進夾鏈袋（中型，約 22×17.5cm）中，用擀麵棍從袋子上方推開麵團，配合袋子的形狀推成約 7mm 厚的片狀。放入冰箱冷藏 1 小時左右。
4. 用剪刀剪開袋子兩側，再用菜刀切成縱橫各 4 等分，並用叉子刺上花樣。
5. 在烤盤上鋪烘焙紙，把 ④ 排在烤盤上，中間要留間隔。用預熱 160℃ 的烤箱烤 15～20 分鐘，取出後繼續放在烤盤上冷卻。

◎ 保存期限／放入矽膠等乾燥劑密封起來，約可保存 5 天。若是做法 ③ 的狀態，可在冷凍庫中保存 3 週。

【材料】約 24 片份

低筋麵粉 … 200g
奶油（無鹽）… 100g
砂糖 … 70g
杏仁粉 … 50g
檸檬糖霜（檸檬汁 1/2 大匙、糖粉 50g）
… 適量

○ 事前準備

奶油放在室溫軟化。

【做法】

1. 將奶油放入大調理盆中，用電動打蛋器或打蛋器攪拌到變白為止。分 2 次加入砂糖，繼續攪拌到變白、變滑順為止。
2. 一次倒入杏仁粉與低筋麵粉，用手攪拌混合。輕輕揉合後分成 2 等分，分別放在保鮮膜上，用手揉捏均勻，並調整成棒狀。
3. 用手從保鮮膜外把空氣擠出，並分別捲成約 12cm 長，再將兩端扭起來，放入冷凍庫冷卻 1 小時左右。
4. 切成約 1cm 厚的 12 等分。
5. 在烤盤上鋪烘焙紙，放上 ④。用預熱 170℃ 的烤箱烤 30～40 分鐘（中間要轉動一下烤盤方向，以免烤得不均勻），取出後放在烤盤上冷卻。
6. 製作檸檬糖霜。在小容器中倒入糖粉，一點一點加入檸檬汁，攪拌至呈現黏稠狀為止。用湯匙塗在 ⑤ 的其中一面上，並放到篩子或網子上，直到糖霜凝固為止。

◎ 保存期限／放入矽膠等乾燥劑密封起來，約可保存 5 天。

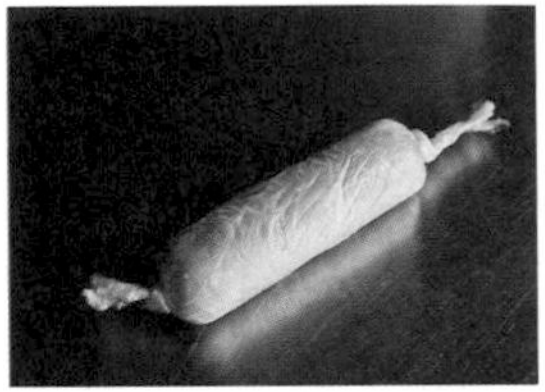

若是做法 ③ 的狀態，可在冷凍庫中保存1個月。烤之前請先放在室溫，等到半解凍的狀態再切片。

memo

要看餅乾烤好了沒，就看烤箱內的麵團，如果中間膨脹起來又縮回去，同時麵團底下出現焦色，就代表完成了。

大人的 冰盒餅乾

有時雖然想要馬上烤幾片餅乾來吃，但內心想歸想，
身體卻懶得動。這樣的夜晚，就是冰盒餅乾登場的時候。
麵團很適合冷凍保存，因此無論在成形、烘烤或製作糖霜的階段，
都可以安心地抽身，簡直是專屬大人的點心。

一人份 巴斯克起司蛋糕

掀起話題的巴斯克蛋糕，長時間高溫烘烤出焦香的表皮，
烤成瑪芬造型是最適合一人份的尺寸，直接享用
口感溫潤柔軟，放涼以後蛋糕體更加紮實，也有另一番風味。

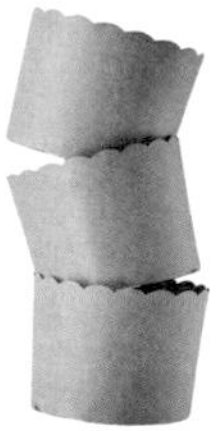

使用百元商店的瑪芬紙模。這是一人享用剛剛好的尺寸，不僅適合自己吃，也可以當作禮物送人。

【材料】

直徑 5.9cm × 高 5cm 的馬芬造型 6 顆份

奶油乳酪 … 200g
雞蛋 … 2 顆
蛋黃 … 1 顆
黍砂糖 … 60g
鮮奶油 … 120㎖
低筋麵粉 … 1 大匙

○ 事前準備

奶油乳酪放在室溫軟化。

【做法】

❶ 在調理盆中放入奶油乳酪、砂糖，用打蛋器攪拌。

❷ 在另一個調理盆中打蛋，並加入蛋黃，用打蛋器攪拌均勻。

❸ 把 ② 一點一點倒入 ① 中，用打蛋器攪拌在一起。加入低筋麵粉攪拌，再一點一點加入鮮奶油拌勻。

❹ 均等地倒入瑪芬紙模中，用噴霧器噴一點水在紙模外側。用預熱到 230～250℃ 的烤箱烘烤 12 分鐘左右。稍微放涼以後即完成。

◎ 保存期限／包上保鮮膜，可冷藏保存 3 天左右。

memo

用噴霧器噴點水在紙模外側，是為了防止紙模烤焦。蛋糕表面膨脹並出現微焦色時，就算蛋糕體還很軟也不用擔心，冷卻以後就會變紮實了。

馬克杯布丁

即使沒有專用布丁杯，
也能運用手持馬克杯製作布丁，
這麼一來，做甜點的難度就降低許多了。
3 顆雞蛋可以做 2 杯布丁，
睡前放入冰箱冷藏，早餐先吃 1 杯。
隔了一夜，雞蛋更加入味，是最美味的時候。

【材料】 300mℓ 的馬克杯 2 杯份

焦糖
- 黍砂糖 … 30g
- 水 … 1 小匙
- 滾水 … 1 又 1/2 大匙

雞蛋 … 3 顆
黍砂糖 … 60g
牛奶 … 200mℓ

○ 事前準備
在馬克杯內側全塗上一層奶油（分量外）。在小鍋子中倒入焦糖用的黍砂糖與水後，開火加熱。等到開始冒泡泡後轉大火，當液體變成深咖啡色後，緩緩倒入滾水再關火（請小心焦糖濺出）。稍微放涼以後，倒入馬克杯，放進冰箱冷藏。

【做法】

1. 在調理盆中打蛋，加入半份黍砂糖並大略混合。
2. 在鍋子中加入牛奶與剩餘的黍砂糖，開火加熱。在即將沸騰之前關火，用打蛋器一邊緩緩攪拌一邊把 ① 加進去，並使用濾網或網眼較細的篩子過濾。
3. 一點一點注入馬克杯內，然後用鋁箔紙蓋起來。
4. 在大鍋子底部鋪 2 層廚房紙巾。把馬克杯放入鍋中，加水到與蛋液同樣的高度，開大火加熱。沸騰後蓋上蓋子，轉小火加熱 2 分鐘後關火，繼續蓋著蓋子蒸 20 分鐘再取出。
5. 撕下鋁箔紙，充分冷卻後包上保鮮膜，放入冰箱冷藏約 6 小時。
6. 用湯匙輕壓布丁邊緣，再拿盤子覆蓋在馬克杯上，倒過來以後稍微斜著拿，並上下晃動，把布丁倒出來。

◎ 保存期限／冷藏可保存 5 天左右。

memo
將布丁倒到餐盤上時，如果聽到「噗嚕」的聲音，表示布丁已經脫離馬克杯。如果有香草精等材料的話，也可以加入 ② 的蛋液中。

用茶包做
印度奶茶巴巴露亞

用平常喝的紅茶包
調製出濃郁的奶茶，再用吉利丁凝固，
然後添加一點香料蜂蜜，
就完成印度奶茶巴巴露亞了。
肉桂與豆蔻的迷人香氣
也跟焦糖奶油的甜味很搭。

焦糖奶油也可以拿來塗抹於麵包或司康。香料蜂蜜可以加在紅茶裡，或是淋在香草冰淇淋上也很好吃。

焦糖奶油

【材料】方便製作的分量

砂糖 … 50g
鮮奶油 … 100mℓ

【做法】

1. 在鍋中倒入砂糖並加熱，砂糖開始融化後轉小火，一邊搖動鍋子一邊攪動。
2. 全部融化以後，把鍋子拿開，加入鮮奶油後，再次轉小火加熱，並攪拌到全部融化為止。稍微放涼以後，放進冰箱冷藏。

◎ 保存期限／放入保鮮瓶內保存，可以冷藏10 天左右。

香料蜂蜜

【材料】方便製作的分量

蜂蜜 … 3 大匙
砂糖 … 1 大匙
肉桂棒 … 1 支
豆蔻（切開一個小口）… 4 顆

【做法】

把所有材料與 50mℓ 的水倒入鍋中，用小火煮 10 分鐘左右，煮成黏稠狀。

【材料】小玻璃杯 4 杯份

牛奶 … 450mℓ
茶包（錫蘭紅茶）… 3個
砂糖 … 35g
吉利丁粉 … 5g
香料蜂蜜、焦糖奶油（請參閱左文）… 各適量

【做法】

1. 將吉利丁粉泡在 1 大匙水裡。
2. 在鍋中放入 100mℓ 的水、牛奶與茶包，開火加熱。沸騰後轉小火，煮 3～5 分鐘後關火，用湯匙一邊擠壓茶包一邊取出來。加入砂糖、1，充分攪拌到融化為止。
3. 放置 5 分鐘左右，等到稍微散熱以後，一邊用濾網過濾一邊倒入玻璃杯。
4. 冷卻後包上保鮮膜，放入冰箱冷藏凝固。等到要食用時再淋上焦糖奶油、香料蜂蜜。

用鬆餅粉做
維多利亞蛋糕

因受到維多利亞女王喜愛而得名的
英國代表性海綿蛋糕。
運用不必過篩就能使用的鬆餅粉來簡化流程，
中間夾上經典的覆盆子果醬與鮮奶油，
口感濕潤又飽滿，也可依個人喜好更換成草莓果醬。

【材料】直徑 15cm 的模型 1 粒份

鬆餅粉 … 200g
奶油（無鹽）… 150g
蛋液 … 3 顆份
牛奶 … 5 大匙
覆盆子醬 … 150g
鮮奶油 … 150mℓ
糖粉 … 適量

○ 事前準備

奶油放在室溫軟化。在模型底部與側面塗上奶油（分量外），側面貼上 12cm 高的烘焙紙。

【做法】

1. 將奶油放入調理盆中，用電動打蛋器（若無，請使用一般的打蛋器）攪拌到呈現糊狀為止。一點一點倒入蛋液，變成糊狀以後，將電動打蛋器轉成低速，均勻攪拌以免分離。
2. 一次加入所有鬆餅粉，用橡膠刮刀大略攪動切拌一下。在殘留一些粉的狀態下加入牛奶，均勻攪拌，直到呈現柔滑的奶油狀為止。
3. 倒入模型中，將模型由上往下稍微震動一下，排掉空氣，再將表面抹平。
4. 用預熱 170℃ 的烤箱烘烤 40 分鐘。烘烤期間看到蛋糕表面快要出現焦色的時候，覆蓋上一層鋁箔紙。
5. 用竹籤戳戳看蛋糕體，如果竹籤沒有沾黏著蛋糕，就代表烤好了。從烤箱中取出，等待熱度稍降後，連同烘焙紙一起從模型中取出，放到烤網上冷卻。
6. 鮮奶油打發到偏硬的程度（九分）。蛋糕放涼以後，從側面橫切一半，拿起上半部，在下半部的切面處抹上果醬，請與邊緣保留 1cm 的距離。果醬上再塗抹鮮奶油，然後把上半部蓋回去。蛋糕表面，用濾網撒上糖粉，如果有薄荷的話，也可以裝飾上去。

◎ 保存期限／可以冷藏保存 3 天左右。

Part 5

旅行時吃過的那些飯菜

隨著年紀的增長，總是會有那麼一段日子，無法隨心所欲地活動。明明現在就想立刻飛到自己最愛的那個國家。這種日積月累的挫折感，只得靠一人餐桌來排解了。辣的、酸的、用手吃的、甜死人不償命的，如今先依靠這些食物的滋味忍耐一下，祈願未來能有那麼一天，再度連同那塊土地的空氣一起吞進肚裡。

Bánh kẹp
ĐÀ LẠT

SEN KHÔ HUẾ
TRÀ SÂM DỨA
Loại 1
ĐẶC BIỆT
THƠM NGON
Măng lưỡi lợn
ĐẶC SẢN QUẢNG NGÃI
HÀNH TỎI LÝ SƠN
ĐẶC SẢN QUẢNG NGÃI
HÀNH LÝ SƠN
CÔ THÔI
ĐẶC SẢN QUẢNG NGÃI
HÀNH LÝ SƠN
CÔ THÔI
ĐẶC SẢN QUẢNG NGÃI
HÀNH LÝ SƠN
CÔ THÔI

魯肉飯

使用煮咖哩用的豬肉是最大的重點。只要肉不會太大塊，都可以整塊使用，咬起來也很有口感。香菇與蝦米的鮮味，加上五香粉的香氣，在嘴裡擴散開來，一口接一口好下飯。

【材料】2～3 碗份

豬肉（咖哩用、太大塊時請對半切）… 400g
香菇 … 3 朵
A 大蒜（去芽後切末）… 1/2 瓣
　薑（切末）… 1/2 段
　蔥（切末）… 1/2 支
蝦米 … 1 大匙
酒 … 50mℓ
B 醋 … 1 小匙
　醬油 … 1 又 1/2 大匙
　蠔油 … 略多於 1 大匙
　砂糖 … 1/2 大匙
　鹽 … 少許
　水 … 300mℓ
五香粉 … 1/4 小匙
沙拉油 … 1/2 大匙
熱騰騰的白飯 … 適量
水煮蛋 … 2 顆
酸菜 … 適量

【做法】

1. 蝦米泡酒，變軟後取出，大略切一下（泡過的汁液請先留著）。香菇去蒂，香菇柄用手撕開來，菇傘部位切碎。
2. 在鍋中加熱沙拉油，放入豬肉。表面稍微出現焦色後，加入 A 與蝦米，翻炒至沙拉油分布均勻。
3. 加入香菇、B、1 的汁液，沸騰後撈去雜質，轉小火，並加入五香粉。煮 25 分鐘左右，直到肉變軟為止。
4. 加入水煮蛋，煮 3 分鐘左右即可關火。
5. 在碗中盛飯，放上豬肉、對半切開的水煮蛋、酸菜。可依個人喜好添加香菜。

香菇柄去蒂以後，用手撕開來當作材料使用，可以使完成後的鮮味倍增。

苦瓜排骨湯

在台灣的路邊攤點魯肉飯，一定會想來碗湯。
這碗湯運用大量營養的苦瓜幫助身體清熱，
配上排骨的鮮甜，足以讓人忘卻夏日的暑氣。

【材料】方便製作的分量

豬排骨 … 4 根（250g）
苦瓜 … 1/3 條
白蘿蔔 … 5cm
酒 … 1 大匙
鹽 … 1 小匙
胡椒 … 少許

【做法】

1. 苦瓜去籽，切成 2～3cm 的塊狀。白蘿蔔切成方便食用的大小。
2. 把排骨放入鍋中，加水蓋過排骨，開火加熱。沸騰後用篩子撈起排骨，把水瀝乾，清洗一下後，用廚房紙巾擦乾水分。
3. 把 ② 放回鍋中，加入 500mℓ 的水，並開火加熱。再次沸騰後轉小火，加入酒、鹽，並蓋上鍋蓋煮 40 分鐘左右。
4. 把 ① 加進去，蓋上鍋蓋再煮 20 分鐘左右。排骨煮軟以後加入胡椒，即可盛入碗中，並依個人喜好撒上薑絲。

台灣的早晨風景

在台灣的早晨
總是忙著到各家早餐店巡禮。
一定要吃的，就是用豆漿的溫柔滋味
喚醒身體的鹹豆漿與甜豆漿，
兩種豆漿都很簡單而且健康，
是讓人想沐浴在朝陽中好好品嘗的味道。

甜豆漿

因為使用的是黍砂糖，所以喝起來香醇順口。
如果有油條的話可以配著吃。除此之外，
也很推薦搭配口感酥脆的牛角麵包喔。

【材料】1 人份

日本豆乳（無調整）⋯ 200mℓ
黍砂糖 ⋯ 1～2 大匙

【做法】

1. 將豆乳、砂糖倒入鍋中加熱，並在快沸騰之前關火。
2. 倒入容器中，如果甜度不夠，建議再加一點砂糖。

鹹豆漿

在溫豆漿中加入含有黑醋的醬汁，
就會慢慢凝固成像豆腐一樣，
這樣就完成了台灣的經典早餐。
如果有的話，也可以搭配油條或仙台特產的
油麩一起沾著吃，更有在地的氣氛。

【材料】1 人份

日本豆乳（無調整）⋯ 200mℓ
A 調味榨菜（切末）⋯ 1 大匙
　蝦米（切末）⋯ 1/2 大匙
　鹽 ⋯ 少許
　醬油 ⋯ 1/2 小匙
　黑醋 ⋯ 1 小匙
辣油（或芝麻油）⋯ 適量
細香蔥（切蔥花）⋯ 適量
香菜（切段）⋯ 適量

【做法】

1. 把 A 倒入容器中。
2. 將豆乳倒入鍋中加熱，在快沸騰前關火。
3. 把 ② 倒入 ① 中，加入細香蔥、香菜，淋上辣油。

越南的輕食

除了越南法國麵包或越南煎餅等
主要的路邊攤美食之外，
越南的街頭還有很多路邊攤，
能在你嘴饞時提供一些簡單的輕食。
其中，這一道就是我很喜歡的，可以當點心
也可以當下酒菜，做再多遍也不厭倦。

米紙什錦燒

用脆脆的米紙做出好吃的越式可麗餅。
只要把材料一層層鋪在平底鍋上，瞬間就能完成。
櫻花蝦的鮮甜，加上泰式甜辣醬與
番茄醬所調成的醬汁，讓人欲罷不能。

【材料】 1 片份

米紙 … 1 片
雞蛋 … 1 顆
肉燥（p.52）… 1/2 大匙
櫻花蝦 … 1/2 大匙
魚露 … 少許
細香蔥（切蔥花）… 適量
香菜（切段）… 適量
醬汁
- 泰式甜辣醬 … 1 小匙
- 番茄醬 … 1 小匙

【做法】

❶ 在調理盆中打蛋，加入魚露後，用調理筷均勻攪拌。

❷ 把米紙放入平底鍋中加熱，然後把 ① 倒在正中間均勻地鋪平。

❸ 加入肉燥、櫻花蝦，等雞蛋漸漸凝固後，放上細香蔥、香菜。醬汁的材料拌勻後淋上去，將餅皮對折，用小火煎到出現微焦色為止。

memo

用方便料理的平底鍋，重現正統的越式炭火什錦燒。

河內年糕湯

好喜歡軟軟的年糕配上熱呼呼的湯，
用香氣濃郁的香菜根當作提味祕方，
再用切碎的黑木耳增添爽脆的口感。
可以唏哩呼嚕吞下肚，當作早餐或點心都很適合。

【材料】 1 碗份

切片年糕 … 2 塊
肉燥（p.52）… 1 大匙
黑木耳（大略切碎）… 2 片
大蒜（壓成泥）… 1/2 瓣
香菜根（切碎）… 1 支
魚露 … 1/2 小匙
沙拉油 … 1/2 小匙
香菜（切段）… 適量
炸洋蔥 … 適量

【做法】

1. 把切片年糕放入耐熱容器中，加水覆蓋過年糕，用微波爐（600W）加熱 2 分鐘左右。
2. 在鍋中倒入沙拉油，放入大蒜、香菜根後開火加熱。炒出香氣以後，加入黑木耳、肉燥一起翻炒。全部均勻沾上油以後，加入 300mℓ 的水，沸騰以後轉小火，並加入魚露。
3. 把 ① 從熱水中取出並盛盤，接著淋上 ②。放上香菜、炸洋蔥，並依個人喜好撒上粗粒黑胡椒。

切片年糕跟水一起放進微波爐加熱之後，會變得軟軟黏黏的，還能夠省時，是一石二鳥之計。

富含維生素 D、食物纖維與鐵的黑木耳，不僅營養豐富，爽脆的口感更是美味的關鍵。

韓國是獨自用餐的天堂

每次到首爾旅行，我一定會造訪市場，
因為那裡有各式各樣的專賣店，
精神飽滿的市場大媽總是活力十足地
料理出辣豆腐湯或韓式拌飯，
帶給我滿滿的元氣。
如果因為整天關在家裡而變得無精打采，
不妨就用這兩道菜來振奮精神吧。

簡易辣豆腐湯

利用飛魚高湯包來取代海瓜子高湯。
至於蔬菜更是簡單，只有蔥跟櫛瓜而已，
韓式辣椒醬的辣味、魚露的風味加上鹽漬豬肉的鮮味，
讓人喝完還想再來一碗，身體也變得暖呼呼的。

只要有單人尺寸的土鍋與飛魚高湯包就OK 了。

【材料】1 碗份

嫩豆腐 … 150g
鹽漬豬肉（請參照 p.53）… 30g
櫛瓜 … 1/2條
蔥（切蔥花）… 1/3 支
雞蛋 … 1 顆
味噌 … 2 小匙
韓式辣椒醬 … 1/2 大匙
魚露 … 1 小匙
芝麻油 … 1 小匙
高湯包（飛魚高湯）… 1 包

【做法】

1. 鹽漬豬肉切成方便食用的大小，櫛瓜切成 5mm 厚的半月形。
2. 在鍋中放入 300㎖ 的水與高湯包，開火加熱。沸騰後轉小火，加入鹽漬豬肉、櫛瓜、蔥、味噌、韓式辣椒醬一起煮。
3. 櫛瓜變軟後，用手剝開豆腐加進湯裡。加入魚露後轉小火。取出高湯包，把蛋打入並蓋上鍋蓋，煮到半熟為止。最後淋一圈芝麻油即完成。

市場裡的韓式拌飯

想像在首爾的市場吃過的媽媽手作韓式拌飯。
紅蘿蔔、菠菜等拌菜，加上醋拌蘿蔔絲，可以充分攝取到蔬菜，
而炸地瓜脆脆的口感，更增添層次。
食物纖維豐富的押麥加在飯裡，不僅健康，口感更是滿分。

【材料】1 人份

肉燥（請參照 p.52）⋯ 50g
＊紅蘿蔔絲 ⋯ 30g
＊涼拌菠菜 ⋯ 30g
＊醋拌蘿蔔絲 ⋯ 30g
＊炸地瓜 ⋯ 30g
熱騰騰的白飯 ⋯ 適量
汆燙押麥（請參照 p.14）⋯ 2 大匙
韓式辣椒醬 ⋯ 1～2 小匙

【做法】

在容器中放入白飯與押麥拌勻，放上肉燥、紅蘿蔔絲、涼拌菠菜、醋拌蘿蔔絲、炸地瓜、韓式辣椒醬。如果有蛋絲也可以放上去，攪拌後食用，也可依個人喜好放上韓國海苔。

炸地瓜

【材料】

地瓜（帶皮）… 1/2 條
沙拉油 … 適量

【做法】

1. 地瓜洗好後，用廚房紙巾仔細擦乾水分，再切成絲。
2. 在小平底鍋中倒入約 1cm 深的沙拉油加熱，再把 ① 放進去炸到金黃酥脆為止。

醋拌蘿蔔絲

【材料】

白蘿蔔（帶皮）… 350g
鹽 … 略多於 1 小匙
柚子（若無，就用檸檬）… 1/2 小顆
壽司醋 … 2 大匙

【做法】

1. 白蘿蔔洗淨後，連皮一起切絲。放入調理盆中，加鹽攪拌，並放到出水為止。
2. 把 ① 的水分減少一半，加入壽司醋。放上適量的柚子皮絲，並擠上柚子的果汁。

涼拌菠菜

【材料】

菠菜 … 200g
鹽 … 少許
薄口醬油 … 1/2 小匙
A 芝麻油 … 1 小匙
　白胡椒粉 … 少許

【做法】

1. 菠菜直切成兩半，徹底清洗乾淨。
2. 放入熱水中，加少許鹽（分量外）汆燙。變色以後稍微泡水冷卻一下，再用力擰乾水分，切成 4cm 的長度。
3. 放入調理盆中，放入鹽、醬油和一和，再加入 A 拌勻。

紅蘿蔔絲

【材料】

紅蘿蔔 … 1 根
A 鹽 … 1/3 小匙
　芝麻油 … 1 小匙

【做法】

1. 紅蘿蔔切絲。
2. 用熱水汆燙約 30 秒後，用濾網撈起瀝乾水分，倒入調理盆中，再加入 A 混合均勻。如果有的話，也可以撒一點熟白芝麻。

※ 材料皆為方便製作的分量。

亞洲的點心

走在越南的路上，
會遇到各種五彩繽紛又討喜的點心攤位，
而甜甜圈和珍珠奶茶等
台灣的甜點，也持續在日本發燒中。
不如，試著在家裡重現那份
邂逅陌生甜食時的感動吧。

台式甜甜圈

在台北旅行時，我看到某位旅行團成員吃甜甜圈，
看得我很羨慕，就憑著想像力重現食譜。
酥脆彈牙的口感與沾在表面的煉乳口味糖粉，極具在地滋味。

【材料】約 12 個份

A 低筋麵粉 … 100g
　高筋麵粉 … 60g
　泡打粉 … 1/2 大匙
牛奶 … 30mℓ
奶油（無鹽，融化）… 20g
雞蛋 … 1 顆
砂糖 … 50g
醋 … 1 小匙
B 低筋麵粉 … 60g
　太白粉 … 20g
　泡打粉 … 1/3 小匙
　水 … 120mℓ
炸油 … 適量
C 煉乳 … 適量
　糖粉 … 適量
D 黍砂糖 … 適量
　肉桂粉 … 適量

○ 事前準備

把 A 放入調理盆中，用打蛋器均勻攪拌，把空氣打進去。

【做法】

1. 在調理盆中打蛋，加入砂糖，用打蛋器攪拌。依序加入牛奶、醋、融化的奶油，並分別攪拌均勻。
2. 加入 A，用橡膠刮刀大略攪拌一下，弄成一整塊麵團。
3. 用保鮮膜包起來，放進冰箱冷藏 1～4 小時。
4. 在麵團外均勻抹上低筋麵粉（分量外）後，用擀麵棍推開，再用直徑 6cm 的慕斯圈與寶特瓶的瓶蓋壓出造型。
5. 把 B 倒入調理盆中，大略攪拌一下當作麵衣。
6. 用平底鍋加熱炸油到 170℃，把 ④ 沾上 ⑤ 以後下鍋炸。炸到麵團膨脹並呈現金黃焦色時取出，放到廚房紙巾上吸油。瓶蓋壓完而剩下的圓形麵團，則是直接下鍋炸。
7. 在調理盆中放入 C 拌勻後，將甜甜圈放進去沾勻。在另一個調理盆中倒入 D，將圓形小甜甜圈放進去沾勻。

越式水果潘趣

想像越南路邊攤賣的冰涼甜點。
糖漿放進冰箱充分冷藏後再使用，
會呈現十分飽滿的甜味。把繽紛的水果或
珍珠一起塞進果醬的空瓶裡，
造型可愛得簡直想直接送人當禮物了。

【材料】容量約 250mℓ 的瓶子 3 瓶份

當季水果
（草莓 1 盒、奇異果 1 顆、鳳梨 200g、葡萄 50g 等等）
珍珠 … 3 大匙
A 細砂糖 … 100g
檸檬汁 … 1/2 大匙
水 … 300mℓ

【做法】

1. 在鍋中倒入 A 加熱，沸騰後關火，稍微放涼以後，放入冰箱冷藏。
2. 珍珠按照包裝標示用熱水煮，然後用濾網撈起來放涼。水果切成方便食用的大小。
3. 把珍珠、水果依序放入保鮮罐裡，再倒入 1 的糖漿。

◎ 保存期限／放入保鮮罐裡可在冰箱冷藏保存 3 天左右。

珍珠的口感也能增添南國風情。

冰薑汁湯圓

糖漿中嘗得到薑的溫暖甜味，含一口在嘴裡，
不禁讓人流下暢快汗水的越南滋味。湯圓裡如果包入
綠豆或小扁豆做的豆沙餡下去煮，會更有越南的風味。

【材料】2 碗份

糯米粉 … 50g
A 薑（切片）… 2 片
　黍砂糖… 60g
　水… 250mℓ
黃桃（罐頭）…適量

【做法】

1. 製作薑汁糖漿。把 A 倒入鍋中煮到沸騰，稍微放涼以後，放入冰箱冷藏。
2. 把糯米粉倒入調理盆中，緩緩倒入 50mℓ 的水。等到麵團變得跟耳垂差不多軟時，用手揉成 4～6 等分的湯圓。
3. 煮 1 鍋沸水，把 ② 放進去，等到所有湯圓都浮起來以後，再繼續煮 1～2 分鐘，接著移到冷水中冷卻。
4. 盛 4 顆左右的湯圓到碗裡，再加入黃桃，最後把 ① 倒入碗中。

memo

吃不完的話，可以直接泡在薑汁糖漿裡，包上保鮮膜，放進冰箱冷藏可保存 2～3 天。

Part 6

休息一下，來杯飲料吧

在工作或家事之餘，來杯健康美味的飲料轉換心情。不管是溫暖的日子或寒冷的日子，如果有一連串的飲料清單陪伴著我們，從準備時間開始就能放鬆心情的話，那麼一年三六五天都可以很安心。真的，不騙你。

冷泡薄荷綠茶

與綠茶葉一起慢慢冷泡，毫無雜味，十分清爽。
若使用玻璃茶壺的話，在視覺上也會很華麗。

【材料】 方便製作的分量

薄荷葉 … 1 盒（12g）
綠茶的茶葉 … 2 小匙

【做法】

1. 把裝進茶包裡的茶葉與洗過的薄荷放入茶壺中，再倒入 1.2 ℓ 的水。
2. 放入冰箱冷藏一個晚上。

梅薑番茶

懷疑自己「是不是感冒了？」或身體不大舒服的時候，最適合來一杯了。即使沒有番茶也無所謂，用熱開水更能夠溫和地暖和腸胃。因為不含咖啡因，所以也可以在睡前來一杯。

【材料】1 杯份

酸梅 … 1/4 顆
薑（磨末）… 3g
番茶（或焙茶）… 適量

【做法】

在耐熱玻璃杯或馬克杯中放入酸梅、薑，再倒入熱番茶。飲用的時候，可依個人喜好搗碎酸梅。

夏天的薑汁汽水

基底的糖漿是用黍砂糖與香料等
來熬煮切成薄片的薑，加以過濾之後就算完成了。
順口的甜味與刺激的辣味十分協調，
也可以看心情加開水或熱水稀釋飲用。

【材料】方便製作的分量

薑（連皮清洗乾淨後切成薄片）
…150g
檸檬（切 2 片邊長 5cm 的帶皮檸檬，
其餘的榨成汁）…1 顆
紅辣椒（去籽）…1 條
肉桂棒…1/2 支
黍砂糖…150g
氣泡水…適量

【做法】

1. 製作糖漿。在鍋中放入檸檬汁以外的材料與 300mℓ 的水加熱。沸騰後轉小火，撈去雜質，煮 15 分鐘左右。
2. 用篩子過濾，分離出薑與糖漿，糖漿趁熱加檸檬汁。冷卻後移到保鮮罐裡，放入冰箱冷藏保存。依個人偏好的比例，將氣泡水加入糖漿中稀釋飲用。

◎ 糖漿可在冰箱冷藏保存 3 週。

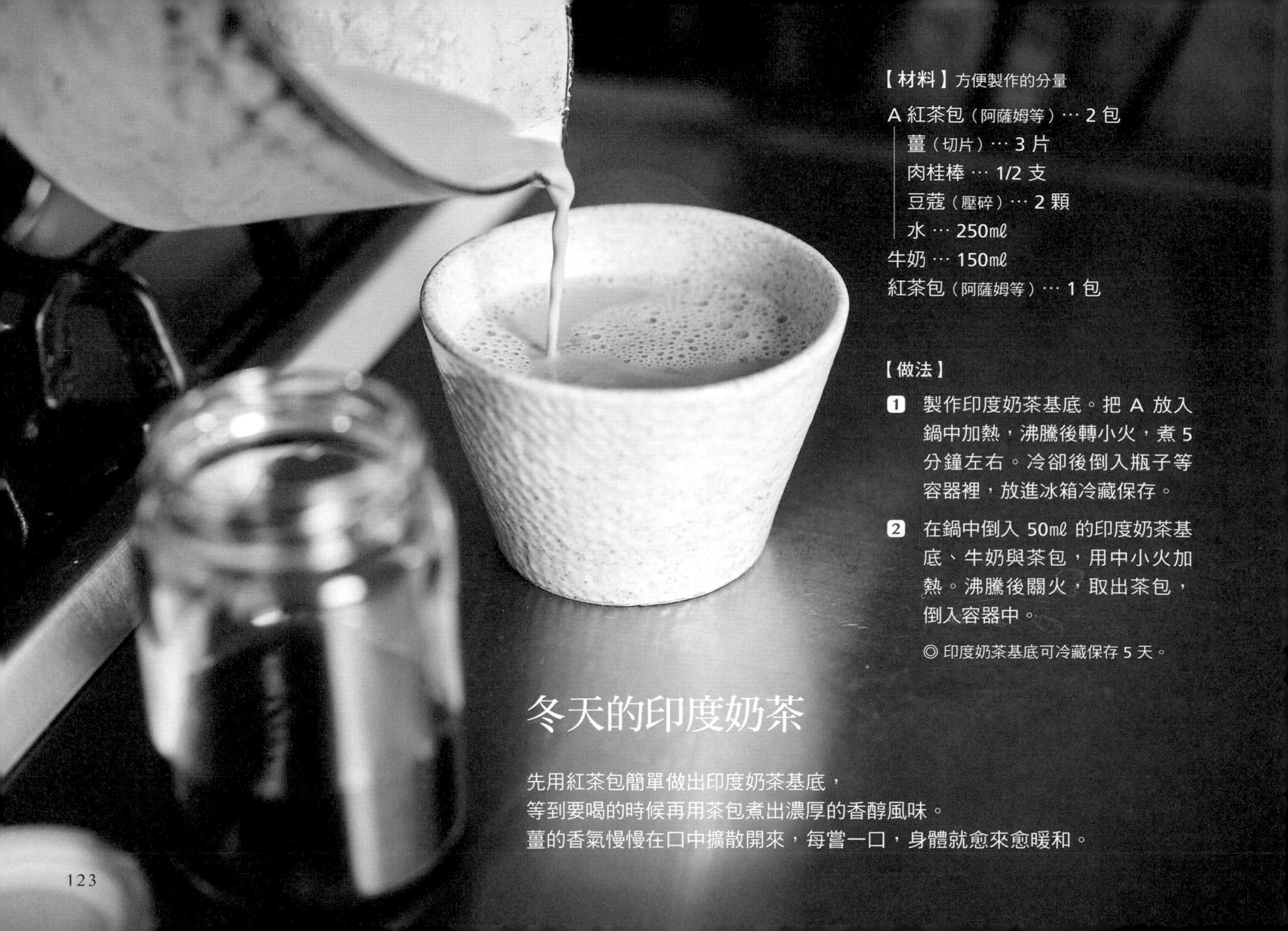

【材料】方便製作的分量

A 紅茶包（阿薩姆等）⋯ 2 包
薑（切片）⋯ 3 片
肉桂棒 ⋯ 1/2 支
豆蔻（壓碎）⋯ 2 顆
水 ⋯ 250㎖
牛奶 ⋯ 150㎖
紅茶包（阿薩姆等）⋯ 1 包

【做法】

1. 製作印度奶茶基底。把 A 放入鍋中加熱，沸騰後轉小火，煮 5 分鐘左右。冷卻後倒入瓶子等容器裡，放進冰箱冷藏保存。
2. 在鍋中倒入 50㎖ 的印度奶茶基底、牛奶與茶包，用中小火加熱。沸騰後關火，取出茶包，倒入容器中。

◎ 印度奶茶基底可冷藏保存 5 天。

冬天的印度奶茶

先用紅茶包簡單做出印度奶茶基底，
等到要喝的時候再用茶包煮出濃厚的香醇風味。
薑的香氣慢慢在口中擴散開來，每嘗一口，身體就愈來愈暖和。

杏仁牛奶

只要混合杏仁豆腐的基底與牛奶即可。
牛奶的風味搭配杏仁的香氣，
彷彿在品嘗一道甜點。添加富含礦物質的杏乾
與富含維生素的藥膳食材枸杞之後，
華麗感與健康度也瞬間提升。

【材料】 1 杯份

杏仁霜 … 略少於 2 大匙
黍砂糖 … 1 小匙
牛奶 … 200㎖
杏乾 … 1 片
枸杞 … 1～2 粒

【做法】

1. 在玻璃杯中倒入杏仁霜與砂糖，再加入冰牛奶均勻攪拌。
2. 在杏乾上劃出切口，插在玻璃杯緣，並放上枸杞。

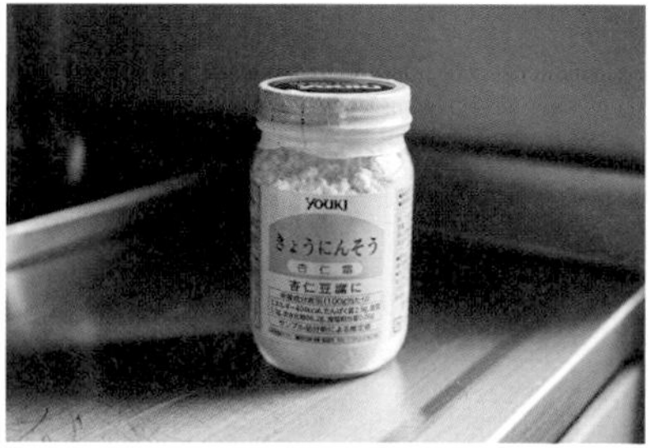

使用製作杏仁豆腐時必備的杏仁霜。杏仁霜是將杏桃的種子磨成粉狀，獨特的香甜氣味是其特徵。

調製飲料的過程
讓獨處的時間更幸福

沒有什麼比飲料更適合用來轉換心情了。在炎熱的日子裡，來一杯沁涼的薑汁汽水；在身體寒冷時，來點香料味濃郁的印度奶茶。為了照顧明天的自己，準備飲料的時間也成了一種療癒。

適合一人餐桌的調味料

以下介紹幾樣相當實用的產品，
只要在超市、便利商店、咖樂迪咖啡農場等地方隨手購入，
就能輕易提升一人餐桌的品質。

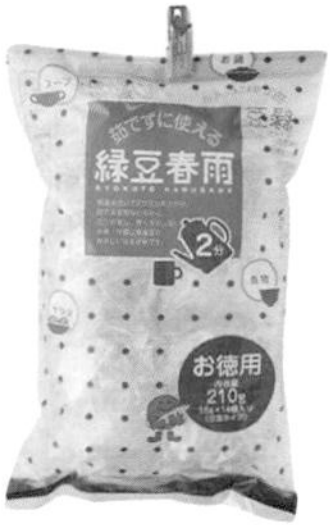

綠豆冬粉

「不用煮就能用的綠豆冬粉」，只要倒入滾水就能在 2 分鐘內泡開。用綠豆做的綠豆冬粉很有韌性，不易煮爛，適合拌炒或煮湯。

烤飛魚天然高湯包

我很愛用富山廠商「兼七」的產品。每 5g 做成 1 小包，因此最適合用來煮辣豆腐湯（p.113）等一人鍋物。

素麵

1 分 30秒 ～ 2 分鐘就能煮好，可說是沒時間煮午餐時的救世主。在便利商店也買得到的「揖保乃糸」沒有奇怪的氣味，很推薦使用。

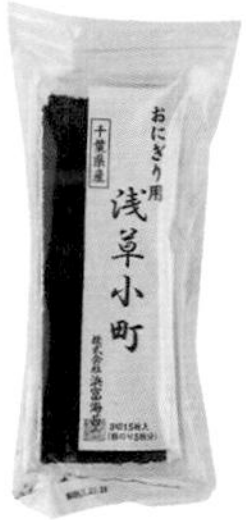

飯糰用海苔

切成 3 片的飯糰用海苔，撕開來拌在剛煮好的湯或麵裡，大小剛剛好，酥脆的口感也很令人開心。

枸杞

常見的藥膳食材，可以用來加在韓式雞湯（p.12）或杏仁牛奶（p.124）裡，也可以直接當成果乾食用。

高湯醬油

讚岐的本釀造醬油混合鯖魚乾、柴魚片、昆布。200㎖ 裝的「鎌田醬油」最適合 1 人份，也可用來煎蛋或煮麵。

糖粉

甜點完成以後，用濾網稍微撒一點上去，甜甜圈或蛋糕就會變得更華麗。「日新製糖」的「杯印糖粉」很清爽美味。

希臘優格

不用瀝乾水分就能使用，這一點很方便，還能做出奶香濃郁的成品。富含蛋白質又少糖，直接當成早餐吃也很健康。

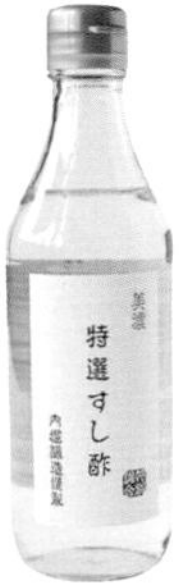

壽司醋

「內堀釀造」的「美濃特選壽司醋」很清爽，我很喜歡。由於當中加了砂糖，因此也可以用來當作沙拉或醃泡的調味料。

黍砂糖

日常料理和甜點用的砂糖幾乎都是這款。甜味很順口，黍砂糖的風味與醇度可以讓成品的味道更豐富。

一個人的餐桌，偶爾還有點心

自煮生活靈感食譜，結合旅行滋味的78道日常料理

自分ごはん時々おやつ　ひとり分だからうまくいく

作者　瀨戸口 SHIORI
譯者　劉格安
主編　鄭悅君
封面設計　小美事設計侍物
內頁設計　張哲榮

發行人　王榮文
出版發行　遠流出版事業股份有限公司
地址：臺北市中山區中山北路一段11號13樓
客服電話：02-2571-0297
傳真：02-2571-0197
郵撥：0189456-1
著作權顧問　蕭雄淋律師
初版一刷　2022年6月1日
定價　新台幣360元（如有缺頁或破損，請寄回更換）

ISBN／978-957-32-9505-1
遠流博識網　www.ylib.com
遠流粉絲團　www.facebook.com/ylibfans
客服信箱　ylib@ylib.com

攝影：衛藤清子、瀨戸口 SHIORI
（P.100、101）
造型：池水陽子
料理助手：伊藤葉子
設計：高橋朱里（marusankaku）
架構、採訪、內文：中岡愛子
責任編輯：澤藤沙也加（主婦之友社）

國家圖書館出版品預行編目（CIP）資料

一個人的餐桌，偶爾還有點心：自煮生活靈感食譜，結合旅行滋味的78道日常料理 / 瀨戸口SHIORI著 ; 劉格安譯.
-- 初版 -- 臺北市：遠流出版事業股份有限公司, 2022.06 128 面 ; 21 × 14.8公分
譯自 : 自分ごはん時々おやつ　ひとり分だからうまくいく ISBN 978-957-32-9505-1（平裝）
1.CST: 食譜

427.1　111004148